知识就在得到

干得漂亮

WELL DONE

脱不花　著

新星出版社　NEW STAR PRESS

◆ 序言 ◆

不要让出你的控制权

20 岁的时候，我很害怕坐飞机，以至于出差都很费劲。直到有一次，一位当过飞行员的前辈刚好坐在邻座，他教我“颠簸的时候就闭上眼、深呼吸，想象自己的手正握着操纵杆，假装每一次变化都是你控制的结果”。从那以后，我恐飞的毛病就好了。

对此，我有一个不怎么科学的解释：如果只是忙于应付各种未知，人就容易精神涣散，心有余而力不足。实际上，我们并不是被变化打败了，而是被不知道将会有什么变化给吓住了。而那些有经验的人知道，哪怕只是“假装”自己有控制权，我们的感受都会好很多。

我很感激学到了这个生活小窍门。二十多年过去了，每次遭遇突变、感到惊慌，我都会闭上眼，深呼吸，回想前辈说的那句话：“假装每一次变化都是你控制的结果。”

借假修真嘛，装着装着，假控制也成了真自信。

到目前为止，我收到的最佳人生建议是一句斯多葛哲学的名言：控制你所能控制的，接受你所不能控制的。等到你真的这样想的时候，你就会发现，这世间大部分事情，你都能控制。

—

经常有职场人来问我一些自己遭遇的难题，如下种种：

想要做成点事情，但又没什么资源，怎么办？

上级因为一次失误对自己有成见，怎么办？

被安排超复杂的项目，经验不足，怎么办？

有同事明里暗里不配合工作，怎么办？

加入新的职场，万事开头难，怎么办？

突然被调动工作，怎么办？

一到总结汇报就木讷紧张，怎么办？

发现升职加薪的名单上又没有自己，怎么办？

活儿明明是我干的，功劳却都是别人的，怎么办？

……

我知道，这些问题背后，有一个个患得患失的职场人。他们的工作状态、时间投入、产出价值，好像都被别人牢牢控制住了。这种身不由己的痛苦，常常让我觉得心疼，因为过去我也遭遇过。

既有汇报时自说自话，被领导当众要求“回去想清楚了再来”的尴尬，也因为处理不好与同伴的关系，在重要项目中被边缘化。我为自己的无知和莽撞付出过惨痛的代价。

但其实，不是非得付出这样的代价。

就像任何一名优秀运动员都要吃透比赛规则一样，作为职场人，我们也应该搞懂职场的规则，并且利用规则在职场确立自己的优势。

职场的规则，经过一代代人的磨合与验证，其实就摆在那里。只要愿意花点时间梳理、学习，就能长期受益。

写这本书的时候，我内心始终有一个场景，就是我有机会坐在当年那位前辈的位置上，悄悄对邻座那个看起来有点紧张的年轻人说：别怕，每一次变化，都是你控制的结果——

项目是否一定成功，是不可控的；在项目推进过程中学到更多的东西，是可控的。

升职加薪必然有你，是不可控的；将来你能在市场上找到更好的机会，是可控的。

上级是否对你有偏见，是不可控的；让周围的人普遍认可你的人品，是可控的。

周围同事水平高低，是不可控的；单位用人优先想到你有领导力，是可控的。

你我都知道，一个具体的难题什么时候发生，是不可控的。但提前学习解决问题的方法，是完全可控的。所以，这本书最重要的使命，就是带你刷一遍职场上的常见题型，让你可以远离内耗与纠结，减少无效加班和低水平重复，省出更多精力去做自己喜欢的事情。

你一定要明白，很多人看起来肯干、苦干，但往往也容易傻干，而你要学会巧干、能干，还能把活儿“干得漂亮”。

明明是一样的努力，有的人总能创造出更好的成绩。我希望，这个人是你。

因此，这可不是一本教你更努力工作的书，而是一本教你更聪明工作的书。

—

这本书的写作，其实贯穿了我从 2014 年开始创业的全过程。最初是因为发现有些加入我们公司（得到 App）的年轻人干活干得战战兢兢，把上级的反馈当成“宣判”，甚至在已经吃亏的情况下还咬紧牙关不出声。我在观察之后才理解，他们很多是传统教育体系中的“好学生”“老实人”，不自觉把学生思维带进了职场。

但职场可不是考场，不仅允许举手发问、场外求助，甚至还允许“抄作业”“走捷径”呢。更何况，进入职场之后，本质上就不会再有人给你出题了。一个人所取得的成就，往往源于他为自己设定的目标、给自己设置的命题。

所以，我就开始给我们同事讲一门课，在这门课上提供一些行动方案，用来帮助大家更轻松地开展工作。十年过去了，一拨拨的同事加入，当然也有人离开，他们总会交接一份内部文档，叫作《今天你可真能干》，正是此刻你翻开的这本书的原型。

也许你心里还有些疑虑：这能行吗？我不是你，我能驾驭这些方法吗？我的环境跟你不一样，我能用一样的思路吗？

还记得咱们说的那个生活小窍门吗？哪怕只是“假装”自己能控制，也会好很多。因为这个“假装”的过程，其实就是你自己的测试过程：先试试。万一好使，咱就加大剂量；万一不好使，咱就借鉴思路、调整打法。

而我想请你放心的是，这本书里的方法，除了在我们公司的同事之间验证了十年，还在过去三年里，经过了十几万名线上学员的验证和尝试。他们之中有人在海外创业，有人就职于新兴产业，有人从事体制内工作，很多人在这个过程中经历了重要的职场跃迁。从我收到的一封封喜报来看，这些方法，好使。

哪怕你所处的环境格外混乱和复杂，也请你一定要明白：很多时候你所遭受的不公正对待，并不是因为你真的不够强，而仅仅是因为你“看起来不够强”。无论如何，表现出自己更强大、更职业化的样子，让自己因为专业的能力和冷静的情绪而显得“不好惹”，很重要。说白了，别人怎样对待你，也应该是你自己能控制的。

—

总会有人因为各种各样的原因，想要夺走你的“操纵杆”，想要用他们的标准来评判你、塑造你。但是，请记住，不要让出你的控制权。

你终将拥有一个自己说了算的人生。记得每天都要对自己说一句：

干得漂亮！

脱不花

2024 年 2 月 1 日于北京

PART ONE
行动方案

PART TWO
办事攻略

PART ONE

ACTION PLAN

第1关

接任务

怎么接任务，让自己从容不迫

✦ **关 卡** ✦

领导给的指令过于简单，
怎么接？

领导布置的任务我不会做，
怎么办？

工作量饱和，接不了新任务，
怎么办？

✦ **道 具** ✦

反述沟通法 | 救生员法 | 置换法

任务、工作、活儿，其实都是一个意思：我们要承担某项特定的责任，通过某类特定的方式，交付某种特定的成果，从而达成最终目标。上级派活儿，下级接活儿，这种互动构成了我们在职场的日常。

这看起来不难——领导派了一个活儿，我们听话去干就完了；但到执行的时候才发现，有一堆问题等着我们——

明明周五才到截止时间，领导周三就来问："现在什么进度了？"

明明是前一天晚上刚布置的任务，加班加点好不容易快弄完了，第二天一上班领导就找过来："小王，昨天那个事我有些新想法，和你再说说。"

明明是按领导说的去做的，领导看了一眼却问："谁让你这么干的？"

作为当事人，我们很容易产生一种挫败感：领导为啥老是变？他到底是什么意思？甚至，他是不是在故意针对我？

别急，接活儿本身就是一种工作能力，如果你掌握了这种能力，你的工作世界将会是另一幅图景——不仅当场就能和领导达成共识，还会在获得支持的前提下从容不迫地开展工作；哪怕在执行过程中遇到困难，领导不仅不会怪你，还会主动帮你。

那要怎么锻炼自己接任务的能力呢？我们一起去工作场景看看。

1

领导给的指令过于简单，怎么接？

你可能经常听到这样一句话："这事儿你跟进一下。"

上级一句话就说完了，但作为下属，你完全摸不着头脑。什么叫跟进？跟进什么？怎么跟进？于是你脱口而出："那我怎么跟进啊？"

对方一听就不耐烦了："你先自己琢磨琢磨。"急性子的领导甚至会说："是你干还是我干？过程咋办你自己想办法，我只看结果。"

你看，平白无故挨一顿批，还是不知道接下来要怎么干。

来，同样的问题，我们看看一个会接活儿的人听到会怎么回应："**我理解，您是让我先去跟进××任务。接下来，我准备分成这么几步来干，您看合适吗？您再给我指点指点。**"

发现没有，一旦你们的对话落到行动计划上，领导好像就没那么忙了，也愿意停下来听一听了。而在这个过程当中，如果觉得你的行动计划跟他想的不一样，他就会再跟你多说两句。

那个让你一头雾水的指令一下就变得清晰起来。

—

如果你看过我的上一本书《沟通的方法》，那么上文用到的反述沟通法，你应该不会陌生。通过反向叙述，跟对方要信息增量，这个方法通常可以拆分为三步。

第一步，复述领导给你布置的任务。

对，重复说一遍就行。这一步太简单了，所以反而很容易被忽略。但当你复述任务时，其实就是在跟对方表达：您的话，我认真听了；我没有擅作主张，我给您复述一下我的理解。

这是不是释放了一个积极且善意的沟通信号？

第二步，说说行动计划。

这一步是在用具体的行动计划跟领导拉齐共识：根据我现在的理解，我准备这么干，您看看对不对？领导觉得哪里不对，就会给你纠偏。这样你不就知道什么是对的了吗？

当然，在实际工作中，咱们因为紧张或者没有经验，通常还不能把行动计划一条条罗列出来。没关系，你可以先说第一步准备干什么：“**领导，我理解您是让我跟进××事。这样，我先去找李老师讨论一下，我讨论完了再和您确认下一步的工作，您看可以吗？**”

这么做不为别的，目的是要把领导带到具体的行动当中。所以，说说你的第一步计划，让双方不再空对空地交谈，接下来的沟通就会变得比较务实。

第三步，对齐任务标准。

这一步非常关键。直接问“领导您说这事怎么干”可不行，这不成“甩锅”了吗？你其实可以上个请教：“**我准备这么干，不知道是否合适，请您指导指导。**”让领导自己说干成什么样他会满意，就避免了咱们做无效努力。

你看，先复述任务的内容，再说行动计划，最后跟领导对齐目标——这三步连起来，就能让领导感觉到，他部署的一个任务，你不光认真听了，还在认真思考、主动想执行方案。先不管结果如何，一个靠谱的印象就建立起来了。

至此，我还有一个提醒：如果你承接的任务比较复杂，那么做完上面的步骤以后，你可以再给领导发条信息，跟他备个案。这主要是为了避免“上午刚对完，下午领导又随便改主意了”的情况。信息怎么发，我有一个模板（表 1-1），建议你现在就把它记到手机备忘录上。以后遇到这种需要确认复杂任务的情况，直接复制、粘贴、填空、发送。是不是很简单？

【练习】

领导经常临时起意给我派活儿，怎么办？

我知道肯定会有读者提出来，我不一样，我情况特殊。比如，“我领导每到下班就来一句‘这个事你跟进一下’，搞得我经常被迫加班”。

很常见吧？觉得领导没人性吧？

其实，领导临下班给你布置任务，很有可能是他的一个“坏习惯”。他怕自己明天忘了，先和你说一下，不一定是让你现在就开干。

所以，为了避免无效加班，你可以用反述法沟通：“好的，领导。这件事我听懂了，我准备这么落实……明天中午之前给您回复，您看可以吗？”

你看，一句话就悄悄地把任务放到了咱自己的节奏里，

表1-1 任务确认信息模板

领导，向您汇报刚才您部署的______________任务后续的行动计划。

我后续准备做______________________________。我会在___月___日和您同步进度。

明天再干。

大多数情况下，领导会说："行，你自己安排吧。"少数情况，也就是这件事真的特别着急时，他会跟你说："明天中午来不及，今晚就得拿出方案来。"

领导真要这么说了，咱们肯定得配合。但这样沟通，确实能避免一种让你觉得非常难受的情况——领了任务之后默默加班，但这事儿其实不那么着急，他只是赶着布置给你。

所以，在很多人以为的"特殊情况"里，我们的反述沟通法依然可以发挥作用。

2 领导布置的任务我不会做，怎么办？

解决了"领导说得过于简单，无从下手"的问题，我们来看一个更复杂的挑战——领导安排的活儿我从来没做过，不会干。比如，"公司下个月要举办一个活动，你来牵头组织一下"。

这下好了，完全没经验，当场就懵了。很多人会凭本能回复，那可真是嘴比脑子跑得快："好的，收到。"任务是接下来了，但不会干啊，只能回去吭哧吭哧研究。但如果只是埋头苦想，通常研究不出什么好的执行方案来。

怎样沟通，才能接下这种让人两眼一抹黑的任务呢？

其实你可以这样回复："**好的，领导。我理解，您是希望给我一个机会把这件事给挑起来。但是说实话，这件事我确实没有做过。您能不能帮我指点一下，以往这类活动是哪个同事负责的，我**

先去向他请教一下。”

这还没完。当领导告诉你“以前是王老师负责的”以后，你要赶紧接上一句：“**好的，我马上去跟他请教，请教完了，我列个初步计划再跟您碰**。”

这两段话说完，你会发现摆在你眼前的问题不一样了——原先是完全不会做，觉得领导要拿这个任务考验你；现在，你不仅从领导身上取得了信息，还可以继续往下推进了。

—

这样的改变之所以会发生，是因为我们用了一个非常重要的沟通方法，救生员法。

救生员我们都知道什么意思，就是关键时刻能拉咱一把的人。放在执行任务的语境里，救生员就是我们可以求支持、求指导的人。我在《沟通的方法》里讲过，找到“职场救生员”，相当于给自己找了一个坚实的后盾，对于推进陌生任务特别有帮助。

知道了这个方法，下次遇到不会做的任务时，你就可以分两步来沟通。

第一步，问“谁能帮自己”。

这相当于从领导那里为自己争取一个“救生员”，往后不仅可以跟他了解任务的详细信息，也可以向他学习以往的成功经验。

而要想拿到“谁能帮自己”的信息，其实不难。领导当然知道你没做过这件事，他当然也希望你能把事情利利索索地办成。所以，他大概率会给你指个方向：“你去问问王老师，去年的活动是他办的。”还有的领导很热心，会直接把相关同事叫过来：“来，老王。小李之前没做过这件事，你接下来多帮帮忙，指导指导他。”

有领导这句话，咱干起来是不是没那么慌了？

第二步，“留个接口”，方便后续跟领导再确认。

你一定要有这个意识——不是向“救生员”求助完就闷头去干，还应该留个接口，找时间再跟上级汇报一次。

我这里说的汇报，不是非得当场摁着领导。如果你从“救生员”那里了解到，任务不难，没做过也很快能上手，那么直接给领导发条信息就行：“**领导，这件事我跟王老师请教了一下，根据我的理解拉了一个行动计划，准备分成一、二、三这么干……具体的执行步骤给您看看，这么执行合适不合适，请指示。**”

敲黑板了，当你请领导确认这种原先没干过的方案时，重点要确认什么？

是执行步骤，也就是第一步、第二步、第三步分别打算怎么做。理由很简单，面对这种没干过的项目，其实很难很快拿出一个滴水不漏的方案来。咱也别对自己有这么高的要求，先把步骤捋清楚就行。领导一看觉得哪个步骤有问题，就会及时干预：“你过来，我再跟你说一说。”相反，如果他没意见，那挺好，咱就按照步骤往下推进。

没错，不是非得拿出一个完整的方案，才能跟上级讨论。重要的是留下一个工作对接的接口，方便双方之间不断有互动。这样一来，你就不是孤独地干活了，而是在上级和“救生员”的双重帮助下推进工作。

—

当然还有一种情况，就是你跟“救生员”沟通完之后发现，这个活还挺复杂，跟你之前想的不一样——本来觉得三天就能干完，现在觉得需要一周；本来觉得一个人就能干，现在发现得发起一个跨部门的项目组才可以。

这个时候你千万别憋着，梳理步骤前就应该向上级反馈：“**您之前布置的任务，我去跟王老师学习了，这件事具体怎么做已经明白了。但是我草率了，按照之前的理解，这件事三天就行。但是王老师指导之后，我们一起盘了工作量，需要五天，大概下周一能出方案。您看这个进度可以吗？**”

一定要及时向领导告知你的困难，千万不要默默承受。因为只有充分了解情况，上级才能根据他整体的安排，决定是接受你的进度，还是及时干预。比如，他可能会告诉你，“时间没得商量，还是本周交付，但可以给你增派两个人手”。

哪怕上级非常无情地表示什么都不能让步，让他知道你的难处也是很重要的。这可以避免陷入两种情况：

一种是工作安排已经超出了你的能力和负荷，但是上级并不知道。这会造成“鞭打快牛”的恶性循环，你也可能因为到点交不出结果，造成工作损失。

另一种更糟糕的情况是，本来进度就已经落后了，但是你出于“觉悟”选择孤军奋战，不及时预警，那你的上级肯定会因为不了解情况，在拿不到交付成果、造成工作损失时暴跳如雷，上下级之间的信任关系也会被破坏。

最后，我把上面提到的两种情况做成了沟通模板（表 1-2 和表 1-3），向领导同步那些简单或者复杂任务的进度时，你可以快速调用。

表1-2　计划同步模板（任务简单）

领导，和您汇报进度，我向__________（救生员）请教了一下，他给我详细介绍了这个任务怎么做。

我也根据我的理解拉了一个行动计划，接下来打算分成这几个阶段来干：

第一阶段，____。

第二阶段，____。

第三阶段，____。

第一阶段会在_____月_____日完成，我会在这个时间跟您同步任务进展的情况。

表1-3　计划同步模板（任务复杂）

领导，和您汇报进度，我向 ________（救生员）请教了一下，他给我详细介绍了这个任务怎么做。

之前我理解这个任务可以按 ________（时间/执行人数）的标准完成。

了解了工作细节发现，需要 ________（时间/执行人数）。

我规划了一下，需要 ________（资源）。您看这样执行可以吗？

【练习】

领导给我的任务单位里没人做过，怎么办？

接下来的这道练习来自我的一个读者。他遇到的问题看起来有点特殊：“领导让我接手一个创新任务，我不知道怎么开展，单位里也没人做过。请求资源支持，领导表示也没这个资源，怎么办？”

这是不是挺头疼的？别怕，我先带你拆解一下，为什么领导这时候不愿意给资源。

这很可能是因为他自己心里也没底，不确定任务能出什么样的成绩。前期如果贸然投入大量资源，后续没有好的结果，造成损失，很容易让人觉得他决策有问题。所以，领导在这个阶段表现得比较保守，让你先去探探路，是很正常的。

那这个问题是不是没解法了呢？当然不是。还记得前面说的“救生员法”吗？我们还是可以从问“谁能帮自己”开始，来发起沟通：“您知道市场上谁之前操作过类似的项目吗？我去找他请教一下。”

单位里没人做过，不代表领导不认识外部专家啊。他很可能会说：“这事我认识一个什么公司的专家，我介绍你俩认识一下。”

你看，这不就有信息量了吗，是不是比我们自己盲闯乱撞靠谱得多？

当然，如果领导确实没有外部专家资源，那咱自己就先做一轮研究。你可以跟他说：“虽然我没干过，但是我可以学。

我先搜集一些资料，明天下午四点，来跟您汇报一下能找到的信息。”

这里我给你一个思路。你可以参考三个方向收集资料，分别是上下游公司、竞争对手以及跨行业的一些实践经验和数据。这些组织可能操作过类似的创新项目，朝着这三个方向广泛地请教，你很可能就会拿到想要的研究资料。

这个时候，你就该跟领导反馈了：“我和您汇报一下进度。昨天我主要研究了市面上关于这件事应用最广的三种方式。按照现在的研究，我理解我们的第一步可以这样干……我们是不是先这么尝试一下？”

既然这是一个创新项目，领导自己也没想好具体该怎么干，他也没指望你在短时间内就做出很大的成就，当你汇报完，他觉得你不仅态度积极，还有自己的章法，很可能就会说：“行，先试试吧。”

在这个场景中，更重要的是让领导看到你是一个有担当的下属，你不怕扛事，还能推动事。这个时候，我认为你已经成功了一半。

工作量饱和，接不了新任务，怎么办？

我们来看接任务的最后一块内容。

有的任务我们不是听不懂，也不是干不了，单纯是因为工作量饱和，没法“接单”了。

这个问题在职场“老黄牛”身上特别常见——就因为你办事靠谱，所以无论大事小事，领导第一个想到的就是你。但一堆任务全压在你身上可不行，必须找到解决方案。

我们先看反面案例，那就是一上头一委屈，直接拒绝：“领导，我工作量太大了，这事我干不了。”

上级当面可能不会说什么，但是他心里肯定会产生一个不好的印象：翅膀硬了，不配合了。等到你要晋升的时候，“团队精神不强”的标签就该贴你身上了——这咱可不想要。

那这种情况除了直接拒绝，还能怎么处理呢？你其实可以更积极地引导对方。比如像这样沟通：“**好的，领导，任务收到。但我现在手上同时在做三件事：第一是……第二是……第三是……新活儿很重要，没问题，我按第一优先级去做，但是我想跟您讨个主意，刚说的第二件事感觉不那么急，是不是可以往后推一推？您看这样安排可以吗？**”

请注意，这就是沟通中的置换法。我给你拆解一下，刚刚这段话其实传达了两层意思：

第一，承接任务。也就是表明自己积极主动的态度，我愿意把新任务承接下来。

第二，跟领导同步手头已经有的任务，提出置换。也就是让我干新活儿可以，旧的事能不能往后推一推？

这就意味着，你接任务的时候应该在脑子里飞快地盘一下，哪件事是可以往后排的，咱自己主动把建议提出来。

在用置换法和上级交流时，要注意避开两种表达方式。第一种是自己完全不盘事儿，把一堆工作推到领导面前说：“领导，我要做的工作有一二三四五这么多，您要不帮我排排？”对方听到肯定会反问你：这是怎么着，示威还是“甩锅”？

第二种是上来就谈条件：“领导，也不是不能干，不然您给我这事儿再加个人手？”很多威权型的上级肯定会冲口而出：能干就干，不能干拉倒，别跟我谈条件。

你看，本来这是个工作量大的问题，咱商量商量有的是办法，但如果你没处理好，一下子谈崩了，后续双方就没法再沟通了。

所以，遇到这个问题，你要先表达我理解，我愿意，我一定努力给您配合好；然后再给对方提供一点信息，双方对齐一下。比如，新任务是不是绝对的第一优先级，还是干完手头的事再做也行。

为什么要这么做呢？

我告诉你，你的上级很可能并不了解你现在手头上在忙什么事情，他就是习惯了遇到新任务第一个就想到你。而经你这么一提醒，他就知道了：哦，原来你在忙这几件事，我忘了，还是原来那件事更重要。他可能就会把几件事情的优先级重新排序：“新任务没有你想得那么着急，我就是和你说一声。你先把手头上的事踏踏实实做好，这件事之后再干。”

你看，这个新工作是不是没那么紧张了？

如果你嫌置换法不好记，那我再告诉你它的另一个名字“Yes, if”，翻译过来就是“好的，如果……”如果你在一些谈判场合用过这个方法，就会发现双方好像不再针尖对麦芒了，事情也有了回转余地。

但也有读者告诉我：“花姐说的我全明白，但是一看到领导就好紧张；一紧张，沟通的时候根本想不起来自己在干什么，也顾不上‘Yes, if’了。”

这说的是不是你？我知道，你平常干的事很可能还特别琐碎，要是一桩桩一件件地跟领导说，他肯定没耐心听。怎么办？

好办好办，方法就是别等到领导找你的时候再去想工作优先级。你要养成一个习惯，每天花两分钟，把自己的工作优先级捋捋，记到本子上。

养成记录习惯的好处很多，我马上能想到的就有这么几个：你这是在把自己的脑子捋清楚啊。我们就怕每天都觉得很紧张，但其实并不知道在紧张些啥。把任务排清楚，一件件落实下去，你在工作时间里就会变得更松弛。还有，万一领导突然给你布置新任务了，你觉得确实挺忙挺累的，接不了，那你就可以把这个本子掏出来说：“**领导，我现在手头上正在为后天公司的活动做准备**。”

你看，这不是为了跟领导讲条件临时编的，而是为了避免我们一紧张就说不清楚话的情况。

这里我给你整理了一个每日计划模板（表 1-4）。强烈建议你养成勤做记录的习惯，在前一天晚上或者第二天早上到单位以后，先花两分钟时间把工作优先级梳理出来。

【练习】
你是专家，你的活别人很难接手，怎么办？

说了那么多工作量饱和，接不了新任务的情况，最后咱们来看一个具体问题。一位读者告诉我：他在一家公司工作 10 年，刚发现自己竟然树立了这样一个人设——公司哪个组需要用户分

表1-4 工作计划模板

____年____月____日______________________________工作计划

优先级1：______________________________（10：00完成）

优先级2：______________________________（14：00完成）

优先级3：______________________________（18：00完成）

优先级4：______________________________（明天上班前完成）

析报告，领导都会推给他。面对成堆的需求，他有点不知所措。

首先不得不感叹一句，我们这位读者肯定是用户分析方面的专家，而且是从领导到同事都公认的专家。这是职场的勋章啊。

但是工作这么多，做不过来也不是个事。所以，如果你是这位读者，下次领导再找你的时候，就要用前面我们说的置换法来回复："明白了，领导。这个新的任务很重要，是不是今天就需要出结果？跟您申请一下，我手头另外那件事是不是可以晚两天再去操作？"

而如果你已经被"鞭打快牛"了，就不应该止步于此——你用来置换的那个"if"还可以更积极主动一点："我一个人确实有点忙不过来。您看这样好不好，回头我准备一个培训资料，关于用户分析，我给大家做一个基础培训，模板也都给大家，让大家都能上手。遇到一些关键难点，我给大家出出主意。您看这样行不行？"

领导一听，靠谱，不仅自己愿意干活，还不藏手艺，愿意带别人。这样的下属在未来晋升的时候会被视为有管理潜力的人，也更有可能优先获得晋升的机会。

✦ 花姐给你划重点 ✦

接活儿的过程，要把四件事搞清楚：我要解决什么问题、我的责任是什么、对方要求以什么方式执行、交付成果时按照什么标准验收。

回头看第一关的全部内容，你会发现：接活儿的关键不是接，而是要。

接，是被动承受。要，是主动探索。

要什么？要的是信息。我给出的所有方法，都是帮你在有限的沟通里多要点信息——

任务部署得过于简单，你用反述沟通法要到了执行标准。

任务不会做，你用救生员法要到了一条辅助道路。

任务饱和接不过来，你用置换法要到了优先级。

信息量变了，工作任务的性质往往就变了。我们所追求的，就是看懂变化，从容不迫地迎接挑战。

我的行动方案

学而时习之，请在这里记录你的思考和改变

我决定做出一个改变：

我用新方法解决了一个问题：

我的感受：

WELL DONE!

第2关

回应批评

怎么回应批评，让坏事变好事

✦ 关 卡 ✦

犯了错被批评，
怎么办？

被领导冤枉了，
怎么办？

被领导讽刺了，
怎么办？

✦ 道 具 ✦

冷却法 | 采访法 | 点破法

第二关要讨论的问题“怎么回应批评”，应该是很多人的刚需。

我见过很多职场人，平时干得不错，沟通能力也都在线，但是一被批评，压力一上来，就表现得很情绪化。有时候哭唧唧，有时候情绪崩溃，有时候愤怒撂挑子。

你看，事儿还没解决，就已经被扣上了“抗压能力差”的帽子，这可不行。

事实上，批评每天都在职场发生，每个职场人都会遇到出了岔子被上级批评的情况，这是常态，并不是什么让天塌下来的大事儿。如果能以正确的方式回应，批评不仅不会影响我们和领导的关系，反而还能重塑领导对我们的印象。

下面我们就到最典型的三类批评场景里看看具体的解决方案。

犯了错被批评，怎么办？

我先还原一个常见的场景，你可以看看日常工作中有没有遇到过类似的情况。

领导上周交代给你一个任务，结果你忘了，今天来问进度时发现你还没开始做，那么一场批评在所难免："这事我不是早就跟你说了吗，怎么到现在还没动静呢？"

这时，很多人会条件反射式地解释道："我不是故意的，是手头事儿太多了""我在忙您昨天交代的那个事儿，还没顾上"。但不解释还好，一解释对方就来气。

所有解释本质上都是在说"我虽然错了，但是我错得有一定的道理，你听听我的道理"。所以，即便你再振振有词，领导也还是不想听——忘了就是忘了，没做就是没做，哪来这么多借口？

那除了这种无效解释，还能怎么回应呢？

你不妨试试这样说："**对不起，是我没有管理好进度，让您着急了。我现在立刻调整，把进度赶上来。我预计半个小时之后先拿一个框架跟您碰一下，您看可以吗？今天之内我一定可以完成。**"

我相信脾气再大的领导听完这段话，情绪也会和缓一些。哪怕再说你两句，他也是在"就坡下驴"。而只要双方进入"如何快速补救"的行动状态里，这场批评就暂告一段落了。

同样是犯错误，同样是说对不起，一种说法是在拱火，另一种说法却起到了"灭火"的效果。我把上面示范的这种沟通方法称为**冷却法**，顾名思义，就是当我们应对批评时，要先"冷却"对方的情绪。只有情绪问题被妥善解决了，领导才会就事论事，我们也才能保护自己，避免被过度指责、上纲上线。

为了让冷却法真正发挥作用，接下来的三个动作——承担责任、确认行动、确认时间——你要记牢。

承担责任说的是，你犯了错，领导也看到你犯了错，不管你愿不愿意承担，这个责任肯定被领导定性成是你的了。所以，你的最佳选择就是主动担责：“**领导，对不起，这件事的确是我的责任，是我在 ×× 环节犯了错误，才会导致这个问题发生**。”

请注意，虽然很多人心里是认同这种做法的，但就因为没学过沟通，话一说出口，责任没担上，反倒成了拱火。

比如，一个重要的会议你没按时到场，领导很生气，你却对他说：“对不起，领导，路上很堵，所以我迟到了。”对方听到就会反问你：今天堵，明天堵不堵？一堵车你就得迟到是吧？

咱虽然道了歉，但并没有承担迟到的责任，反倒是把问题归因于外部环境——错在道路交通部门，不在我。不光是单位领导，你的家人朋友听到这种说法，也一样会生气。

所以，在承担责任的时候，你一定要记住一个词：内归因，从自己身上，而不是从别人那里找原因。还是上面那个迟到的例子，你可以说：“**对不起，因为我没有早点出门，遇到堵车迟到了**。”这种回应方式就要比说“路上太堵了”更容易被对方接受。因为问题的解法就在你手里。

这是第一个动作，承担责任。用“我”字开头，说说那些发生在自己身上的可控因素。这还没完，虽然你把责任暂时背上了，但对方还等着你解决问题呢。所以下面马上要确认行动：“**领导，接下来我准备这么去做，第一……第二……第三……这件事预计 ×× 时间能完成。您看这样行吗**？”

只有拿出行动计划去补救，对方的关注点才能从“你知道问题有多严重吗”转移到“接下来怎么处理能解决问题”，这场批评对你造成的负面影响才不会继续加深。

确认行动之后的动作，是跟对方确认时间。这是因为，对于什么时候有结果，领导心里的时间表跟你心里的可能不一样。你不主动告诉他什么时候“补交作业”，等到他着急忙慌来验收，发现问题还没解决的时候，怒火就会被重新点燃：“你看看你，都已经犯错了，怎么补救还这么不及时，怎么这么不负责任？”

所以，和上级确认时间，就是在主动管理他的预期。你可以这样说：**“领导，您提到的这几点我已经记录下来了，一定做到位。我想约您今天下午 5 点的时间，当面再和您反馈一下我们解决问题的情况，您看方便吗？”**知道错误什么时候会改正，对方心里才能踏实。他踏实了，你就能安心回去工作了。

在前面这段回应话术里，你要特别关注“两个当”，当天（今天）和当面。

第一个“当”说的是，当天就要给对方反馈，千万别隔夜。

咱可能心挺大，想着等第二天、第三天出成果了再去找领导。但领导可能被别人输入了点什么信息，又被拱了火，等你再去找他的时候，问题莫名其妙就升级了。这完全没必要，当天的问题，当天解决掉。

哪怕一天时间处理不完，你也可以先向领导汇报一下，让他知道你已经在解决问题的正轨上了。这样才能把错误的影响控制在最小范围内。

第二个“当”说的是，如果只是发消息告诉领导问题解决了，对方很可能“已读不回”，或者根本就没看到。没有上级的反馈，你就踏实不下来，因为你不知道这件事是不是还在影响他对你的看法。所以，只有当面看到他的反应——只要你态度诚恳，一定能当面看到——你才能把心里的担子放下来，轻装上阵。

看完回应批评前前后后要做的几件事，你可能会有些小委屈：为什么都是我在做，为什么领导不能提高一下个人修养？

你确实可以这么想，但请注意，身在特定的职场环境，主动承担责任、解决问题，其实是我们唯一正面的、正能量的做法；除此以外的其他做法，都是把自己的命运交到别人手上去决定，会大量消耗我们的精神和能量，没必要。

所以，别假装咱们有很多选择，收拾好自己的情绪，把上面说的三个动作做好，然后参考一下我为你准备的模板（表 2-1），再向领导反馈一次。特别是要让对方知道，经过此次教训，未来你会如何行动，不会让同样的错误再次发生。

等你拿出这套面向未来的行动方案，领导一看：这次犯错确实不应该，但是批评产生效果了，这个下属自我反思的态度挺好的，抗压能力也不错，遇到问题还能积极想办法、勇于承担责任，是位好同志。

所以，哪怕你犯了错误，也不见得不能给对方留下好印象。

2

被领导冤枉了，怎么办？

学会了用冷却法处理对方的情绪，就可以回应常规的批评了。但还有一种比较特殊的情况，就是我们好像没犯什么错，却被领导冤枉，莫名其妙挨了顿批。

举个例子，领导要招待客户，让你去订间餐厅。你订好以后告诉领导，结果他突然生气了：“怎么订这家餐厅？我没跟你说今天

表2-1 回应批评模板

❶ 同步进度	领导，和您反馈一下________的处理进度。 您交代的几件事： 第一，______________________________。 第二，______________________________。 第三，______________________________。 我分别已经完成到________程度了。
❷ 再次道歉	这件事的确是我的责任，是我_____导致的。
❸ 未来计划	为了避免同样的情况再次发生，接下来我会这么做：____________________。

来的人特别多吗？这哪里坐得下？你这个接待真没水平。”

这可把你搞得一头雾水。明明订这家餐厅是领导不久前自己说的，“以后接待客户，都安排在这里”，怎么说变就变了？你很想解释解释，把话回过去：“领导，之前是您让我订这家餐厅的啊。”“领导，您确实没跟我说要来几个人啊。”

遇到这种特殊情况，我建议你别急着为自己辩解，而是这样处理：“**好的，领导，我明白这家餐厅不符合您的要求。我跟您确认一下，今天晚上是有 12 个人要来，还要正式聊一聊业务的事，我需要订一个带窗户的大包厢，您是这个意思对吗？我先去联系一下附近的 ×× 餐厅，看看有没有符合标准的包厢。20 分钟之内我一定把情况告诉您，请您看看哪个合适，好不好？**”

这样处理有个显著的好处，就是不管对方之前是不是冤枉了你，你猜想的那个原因对不对，至少他愿意跟你对话，而不是反过来给你扣一顶“就算我没说，你不会自己想想吗，一点主动性都没有”的帽子。

把问题出在哪里找出来，是解决你被冤枉的唯一途径。

—

接下来我为你介绍的采访法可以在你被冤枉时，帮你探寻问题出在哪儿，对方到底想要什么。

前面那个帮领导订餐厅的例子可能有点极端，但你要知道，当你在沟通中发现对方的情绪莫名其妙地上来了，甚至不分青红皂白冤枉你的时候，往往是他有什么特别着急、上火的理由没告诉你。此时，你要把领导当作你的采访对象，通过三个步骤完成一场“采访”，分别是接纳、探索、请求。

第一步，接纳。你越是想要当场撇清，有的领导就越是会把一顶更大的帽子扣在你头上。所以，别管对方冤枉没冤枉，咱先把他说的接下来。

如果你跟这个领导关系不错，那就大方点儿：“**领导，您说得对，事没办好肯定是我的责任。**”而如果你跟他关系一般，觉得“都是我的责任”这样的话说不出口，那还可以说：“**领导，我理解这事没有达到您的要求，让您失望了。**”

其实，你说“让您失望了”的时候，也是在承担、接纳对方。更何况，比起追究到底是谁的责任，咱先把问题给解决了好不好？

第二步，探索，就是把问题到底出在哪儿问清楚。

你可以参考记者的做法，先假定一个思路，拿出来跟对方碰一碰。在这个过程中，你通常可以探寻到更多真实信息：“**领导，我反思一下现在的问题，您看我理解的对不对。问题主要是出在这个地方，原因是……您觉得是这样吗？**”

你猜的准不准、理解的对不对其实没那么重要，重要的是抛砖引玉——只有把自己的思考先摆在桌面上，领导才有可能在此基础上说得更多，包括问题究竟出在哪儿，以及接下来该怎么办。

这个时候，马上进入最后一步，请求。说一说接下来你打算怎么做，请对方帮忙把关：“**明白了，接下来我打算……去处理这件事，预计……时候完成，您看可以吗？**”

前面我们犯错误，可能是不清楚领导的标准，也可能单纯就是被冤枉了。那咱在补救的时候是不是就别闷头想了，而是让对方直接做决策？不为别的，就是为了一次做对，避免来回拉锯，把这个问题的负面影响控制到最小。

至此，怎么用采访式的沟通方法应对批评，尤其是应对那些让人摸不着头脑的、被冤枉的批评，我就为你介绍完了。但我不建议你停止沟通——因为你还要告诉领导，你被冤枉了。

千万不要保持沉默。因为你这么做，对方不一定知道，更不一定领情。所以，还是按照“当天、当面”原则，你可以主动跟他聊一聊：“**领导，这个问题已经解决了，我不得不大着胆子跟您说一句，我真的有点冤枉。**”

这个时候，你就可以把“为什么你是被冤枉的”提出来，再补充一句：“**我告诉您这些，不是说我怕被冤枉了或者我有情绪。我只是想跟您说一下，然后我也想请您指导指导，以后遇到这种情况，我该怎么处理会更好。**”

如果你之前的补救动作本来就很不错，再加上这样一段话，领导基本就心软了，已经要拍拍肩膀哄哄你了。你所做的澄清，他当然愿意照单全收，那你也不会被贴上什么负面标签。

万一的万一，这个领导不是那么公平公正，那他不见得会对你的澄清做出回应。但你仍然向他展示了一个重要品质：即便是在被冤枉的情况下，你仍然愿意主动采取行动，解决问题。以后这个领导至少不会随便给你扣帽子。这样一来，咱就在职场上保护了自己。

【练习】
当众被领导冤枉了，怎么办？

这里必须说一句，前面那些回应领导批评的方法有一个大前提，就是要一对一。但我相信，很多读者看到这个大前提就坐不住了：我也想要一对一，但我的领导可是当众冤枉的我，一点儿也没给我留面子，怎么办？

我们可以通过一道练习题来看此类情况。这道题的当事人说，领导在一个项目汇报会上突然向他发难："你们的宣传片怎么拍成这样了？上次怎么跟你说的？"这位当事人一下就蒙了，因为宣传片是另一个同事负责的，他完全不了解情况。这时，会议上的所有人都转过来看着他，怒气冲冲的领导也等着他说明情况。如果你是这名当事人，你觉得应该当场替自己解释吗？

当然不应该。还是那句话，对方正在气头上，所有解释在他看来都是借口。所以，不管是私下还是当众，洗脱冤屈的方法只有一个，就是"采访"。先把问题找出来，你才有把"锅"摘掉的可能。

"好的，领导，收到。我记录一下，第一……第二……第三……您不满意的地方是这三点对吗？"你可以一边说，一边低头做记录。等领导说完以后告诉他："问题都记录下来了，散会后我们马上落实。"

为什么要这么做？因为大家都看着呢，哪怕对方真误会你了，他也不可能当众给你道歉，面子挂不住呀。与其这样，不如先把问题记录下来。况且，你只有写下来了，会后找同事对情况的时候，手里才有证据，也才能把事情说明白："你看，领导对这件事确实很不满，说了三点，我都帮你记下来了。咱们赶紧商量下怎么办，我陪你一起去找领导。"

你帮同事背了口大锅，他可欠着你人情呢。等到你们一起去找领导的时候，你就可以特别坦荡地告诉领导："您会上提到的宣传片问题，我和小王一起拿了个方案，赶紧给您汇报一下。我给小王出了个主意，详细的情况小王和您说说。"

这时候，领导已经冷静下来了，也能听进去你的话了。他不仅不会怪你，还会觉得你有担当。但反过来，要是当众解释，领导会认为你是在推卸责任，同事也会觉得自己运气不好，撞枪口上了，你一下得罪两个人。

用采访式的沟通方法回应批评，你不仅不会“背锅”，还能给领导和同事留下好印象。

3 被领导讽刺了，怎么办？

犯了错被批评，你学会了用冷却法处理；被领导冤枉，你知道要用采访法，先处理问题，再自我澄清。最后我还要为你介绍一类批评的场景，它不光出现频率高，还很微妙。

问题是这样的：“领导嘲讽我、挖苦我，我也不确定这是不是批评，但是总觉得自己被针对了。比如他会说‘小李，你最近可真长本事了，三天两头就往客户那跑’。”

乍一听，还以为领导表扬咱们呢。但仔细一品，不对啊，分明是话里有话。这时候，我们特别容易慌——怎么回事，领导是有什么意见吗？一旦往这个方向想，咱和领导就会带着滤镜看彼此，双方的信任关系也就此被打破了。

我想告诉你，既然已经感受到领导的不满了，那咱就别揣着明白装糊涂，不去探究背后的原因，天天在领导的“雷区”上面蹦了。万一某天他上演一场“火山爆发”，你们之间的关系将会彻底崩盘，连弥补的机会都没有了。

所以，我建议你尽快处理，可以这么说：“**领导，您提到的问题，肯定是我做得不到位。但我反应有点迟钝，一下没想到该怎么去整改。能请您当面给我指导指导，跟我说说吗**？”

你一示弱，对方心想：行吧，敢情你还真是不知道哪儿错了，那我就跟你说说吧。只要他愿意给你展开讲讲，问题出在哪儿，解决问题的方法就都浮出水面了。

—

我把上面使用的沟通方法称为点破法，主动点破对方的“夹枪带棒”。

咱不是不想改，是真的不知道问题出在哪儿。所以，大方地承认自己没听明白，然后把球踢到对方脚下，请他正面回应。

大家都别藏着掖着，不然职场也太累了，对吧？

要想用好点破法，不必学习复杂的步骤，记住我为你准备的一个口诀就可以了：“**您说这个，必有原因；我没听懂，请您指点**。”

为什么这个口诀管用？你应该已经看出来了，它传递了一层主动抗压的意思——我承认有问题，我也跟领导做了反馈，他的不满我接收到了，我没不当回事；相反，我很认真地向领导请教，请他教我怎么改变现状。

这就把对方可能挺不成熟的、夹枪带棒的情绪，引导到一个积极、具体的行动改变上去。只要领导愿意多说两句，给你一些指点，接下来就好办了——咱赶紧有则改之，无则加勉，抓抓落实。

当然，像前面说的，要想扭转领导的印象，抓完落实之后还要主动跟他反馈：“**领导，上次您给我提的意见，我真的去做了，而且取得了一个**……**的结果，谢谢您**。”

表2-2 感谢模板

❶ 同步进度	关于______问题，多亏您的提醒。以前我是真没考虑过这方面的问题。这次我学到了很多。
❷ 行动方案	为了解决这个问题，我现在是这样处理的：________________________。
❸ 未来计划	接下来，我会这么做：______________。您觉得合适吗？

能当面说一声是最好的，但如果你实在不好意思当面讲，发条信息给他也一样有用。参考我为你准备的模板（表 2-2），在信息里感谢他的提醒和指点，足够了。

最后我考考你，这条信息里最重要的是什么？

不是你的感受，也不是你的计划，甚至都不是你的行动，而是第一句“多亏您的提醒”。

这就是在塑造你和上级之间请教和被请教、指点和被指点的“师徒关系”。对方看到你虚心好学的态度，未来你再有什么地方他不满意，他会愿意跟你直说的。

因为这份直接，你的上下级关系会更简单，你的工作会更省心，你的个人成长也会更快。

【练习】
过去犯错没处理好，怎么修复和领导的关系？

看到这里，我猜很多读者心里其实是惴惴不安的：“花姐，这个办法我知道晚了，以前领导的提醒我没听懂，顶撞了领导我也没处理。现在补救是不是已经来不及了，我是不是把这事给耽误了？”

别担心。点破法不仅当下有效果，对于陈年旧账也一样管用。越早和对方说开，我们才能越早变自在。

所以，赶紧“点破”吧。还记得前面那个口诀吗，你只需要稍微变形一点点：“我的做法，确实欠妥；我在改变，请您指点。”

比如，你可以像这样沟通：“领导，我今天来找您，是要向您道个歉。您可能都忘了，之前讨论 ×× 事情时，我没控制好情绪，顶了您两句。事后我自己也意识到不对劲，但一直没向您正式道一次歉，实在是对不起。我在沟通上有时候确实缺根筋，所以我最近在看相关的书籍学习。学习完了，我一定找您汇报学习心得。当然了，我也想请您从您的角度给我提提要求，看看我可以从哪里调整。”

有这么一段推心置腹的话，你们关系里那个过不去的结，就容易解开了。

花姐给你划重点

我在第 2 关讲了很多回应批评的方法。但若重新回到那些批评的场景里审视分析，我认为问题的症结和责任，首先在上级那里。

在理想状态下，一个已经成为上级的职场人应该做到情绪稳定，布置任务时能把事儿说明白，即使批评下属，也可以用好的方法，让他通过一次批评获得成长。而现实是，在今天的职场中，很多上级仍然要持续地改进和学习。他们没那么完美，水平可能也没那么高。

但在我看来，这个“令人失望”的现实正是我们自己要学习沟通的原因。无论沟通对象处于什么水平，你都能从与他的合作中学到东西，哪怕仅仅是回应批评——

通过学习冷却法，你帮对方平复情绪，让他能就事论事。

通过学习采访法，你在被对方冤枉的时候，还能冷静地解决问题，做自我澄清。

通过学习点破法，哪怕对方有事不直说，讽刺挖苦你，你也可以请他把话说明白，同时让自己有则改之，无则加勉。

你一次次找到了突破路径，以一次沟通换一个版本的速度迭代了自己。

当然，这一关卡的内容你要反复练习，先做到在情绪上对被批评脱敏。而当你真正遇到问题的时候，相信你会比你对面的上级表现得更有风度。

我的行动方案

学而时习之，请在这里记录你的思考和改变

我决定做出一个改变：

我用新方法解决了一个问题：

我的感受：

WELL DONE!

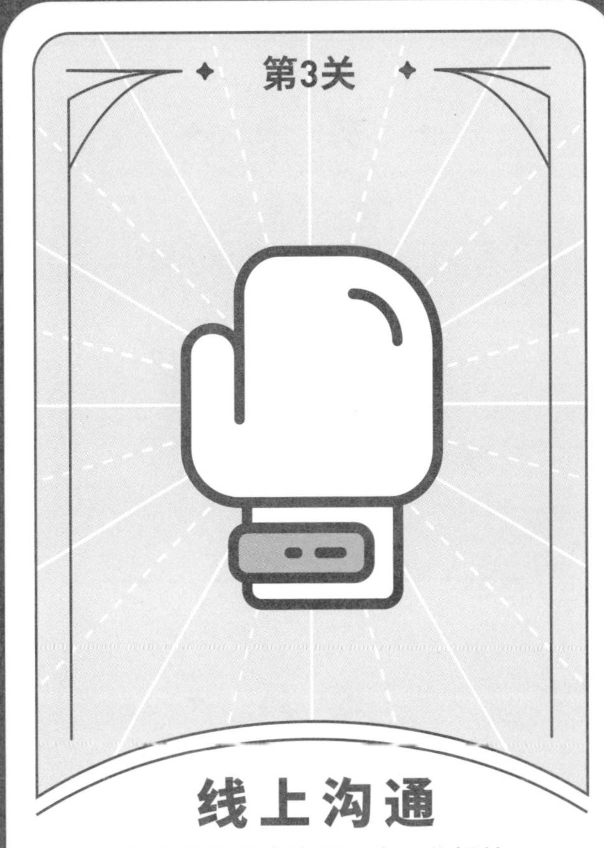

第3关

线上沟通

怎么做好线上沟通，为工作提效

✦ 关 卡 ✦

线上沟通，
怎么让领导愿意为你做决策？

线上沟通，
怎么对接工作能获得确认？

线上群聊中，
被公开质疑，该怎么回应？

✦ 道 具 ✦

选择法 | 组合拳法 | 场景降级法

很多人说，线上沟通是社恐的福音。躲在屏幕背后，不需要有任何眼神或肢体接触，就能顺利开展工作。但在写这部分内容时，我始终在思考一个问题：虽然今天我们有微信、钉钉、飞书等多种线上协同工具，我们日常推进工作真的省力了吗，效率真的提高了吗？

还真不一定。面对面沟通时，你能立刻得到反馈，至少能立刻观察到反馈。但一到线上，对方完全可以假装没看见，因而迟迟不回复你。如果这个人还是你的领导，那在他回消息之前，你可能什么也推进不了。

所以，在越来越多职场人拥抱线上办公的背景下，我们来看看，怎样才能提高线上沟通的效率。期待看完这部分内容的你，再回到线上跟同事沟通时，会发生这样的改变——

你想要推进的工作，在线上能很快获得答复；你不用跑前忙后对接，就能把项目成员安排得服服帖帖；你可以把节省下来的宝贵时间用来发起一些更高价值的沟通。

1

线上沟通，怎么让领导愿意为你做决策？

“我给领导发了消息，眼睁睁地看着他已读不回。但这个事很着急，只有他能定，该怎么办？”

这是我从读者那里收到的关于线上沟通的高频问题，相信你或多或少也遇到过。对此，很多人的本能反应是催办：“领导，消息您看了吗，这事现在能定吗？”

他都已经已读未回了，能不能定你是催不出来的。而且我敢保证，像这样的催办多几次，对方就烦你了，以后会更不尊重你。

请允许我对遇到这种情况的你做一个有点不礼貌的提醒：这很可能是因为你发的信息让他没法回复，而不是他架子大、效率低。

来看真实案例。一名员工给领导发的信息是这样的（图 3-1）：

你对此有什么感觉，是不是看到一半就觉得好累啊？我还想问问你：你觉得这名员工到底想让领导干什么？在他发送的一大团信息里，什么事儿领导知道就行？什么事儿领导必须回复？什么事儿领导需要做决策？

你可以在思考这些问题的同时，看看我帮他修改后的版本（图 3-2）。这个版本有最基本的格式，所以即便没开始细读，你还是可以一眼看到他需要领导确认的事项，是下周二下午能否参加一个会议。那对方再忙是不是也能回复？剩下的信息，他可以回头有空的时候，甚至在会议前再细看。

你可能觉得，这怎么看都是个写作问题，其实并不是；它的底层还是沟通问题。下面我为你介绍的选择法，就是当你想在线上让

领导
15: 20

您现在有空吗？
我想跟您请示一件事，不知道您是否方便。
是这样，咱们部门每周都要跟A部门一起开视频会，碰××项目的进度。
下周视频会的时间提前了一天，改成周二下午两点，在××会议室。您能不能参加这次会议？
如果您觉得时间不合适，请告诉我，我再去调整。
这次开会需要的资料，总共有两部分，一部分是两个部门的汇报PPT，我周五之前给到您。
另一部分是会上待讨论的问题，大家想好之后也会给到我，然后再发给您，大概会在下周一。
还希望您能在大家汇报之后，点评两个部门的进度，给大家提提意见。

图3-1

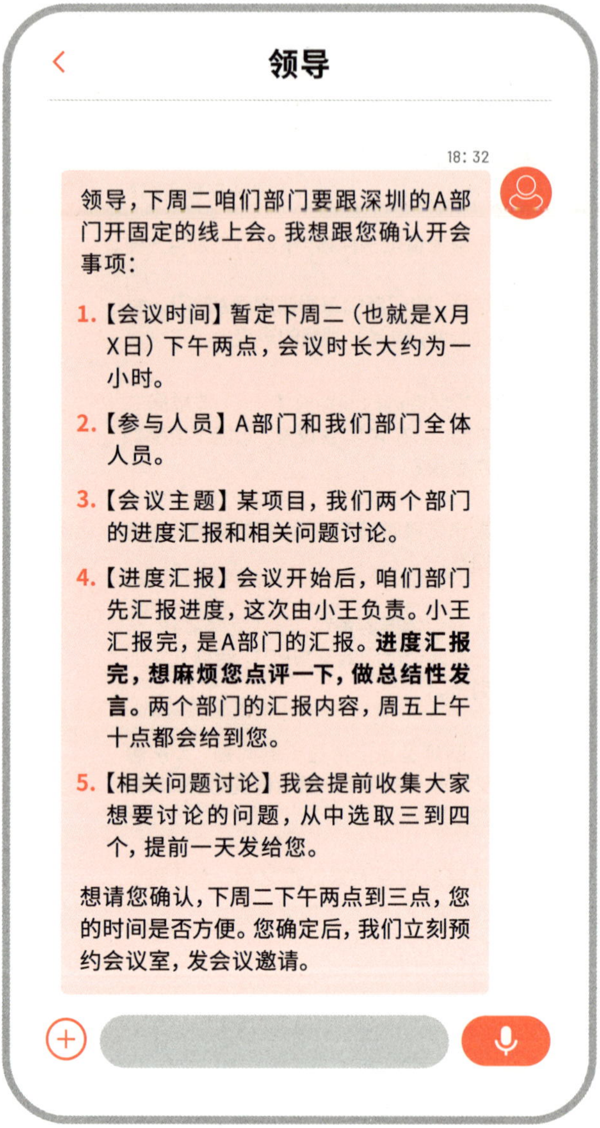

领导

18: 32

领导，下周二咱们部门要跟深圳的A部门开固定的线上会。我想跟您确认开会事项：

1.【会议时间】暂定下周二（也就是X月X日）下午两点，会议时长大约为一小时。

2.【参与人员】A部门和我们部门全体人员。

3.【会议主题】某项目，我们两个部门的进度汇报和相关问题讨论。

4.【进度汇报】会议开始后，咱们部门先汇报进度，这次由小王负责。小王汇报完，是A部门的汇报。**进度汇报完，想麻烦您点评一下，做总结性发言**。两个部门的汇报内容，周五上午十点都会给到您。

5.【相关问题讨论】我会提前收集大家想要讨论的问题，从中选取三到四个，提前一天发给您。

想请您确认，下周二下午两点到三点，您的时间是否方便。您确定后，我们立刻预约会议室，发会议邀请。

图3-2

领导做决策时可以用的沟通方法，分为三步：

首先，讲问题。你在写信息前先想一下，这次要解决什么问题，要请领导做什么决策。

其次，提供给领导两个方案，请他做选择。注意，不仅要介绍这两个方案分别是什么，还要说清楚它们不一样在哪儿。

再次，导向行动，和领导说明需要他干什么，干了有什么好处。比如像这样，**“只要这件事确定下来，我们立刻就可以发出会议邀请，推进下一步的工作。”**

—

问题来了，为什么选择法在线上沟通的场景中十分有效呢？

想要知道答案，我们不妨换位思考一下，领导是在什么情况下收到这些信息的。

你全力以赴地拟好信息内容，点击发送，接收到这条信息的领导可能正开车，可能正开会，也可能正陪客户聊天。他打开手机，扫一眼就关上了，能给这条信息的时间大概只有十几秒钟。也就是说，你要从他身边所有的人、事、物那里抢下十几秒钟；如果你的信息没能让他快速抓到重点，那么等他关掉信息，把注意力收回来以后，你那件事他转脸就忘了。

事实上，选择法是在帮他减轻处理信息的负担，也帮你争取在那十几秒钟内拿到回复。我把上面说的几个步骤制作成了模板（表3-1），下次遇到工作需要在线上请领导决策时，你就可以按这个模板让他确认信息。

方法你已经知道了，现在我还想说一个我看到的不太好的现象，就是有些人为了表现自己考虑得很周全，喜欢给领导发“小作文”(图 3-3)。

表3-1 线上沟通汇报模板

❶ 讲原因	领导，现在________工作出现了一个情况， 出现这个情况的原因主要是：________。
❷ 给方案	目前有两个可行的方案： 方案一________。 方案二________。 两个方案最主要的区别是：________。
❸ 导向行动	我对这两个方案的判断是：________。 请领导看看，选哪个方案更合适，我根据您选择的方案推进落实。

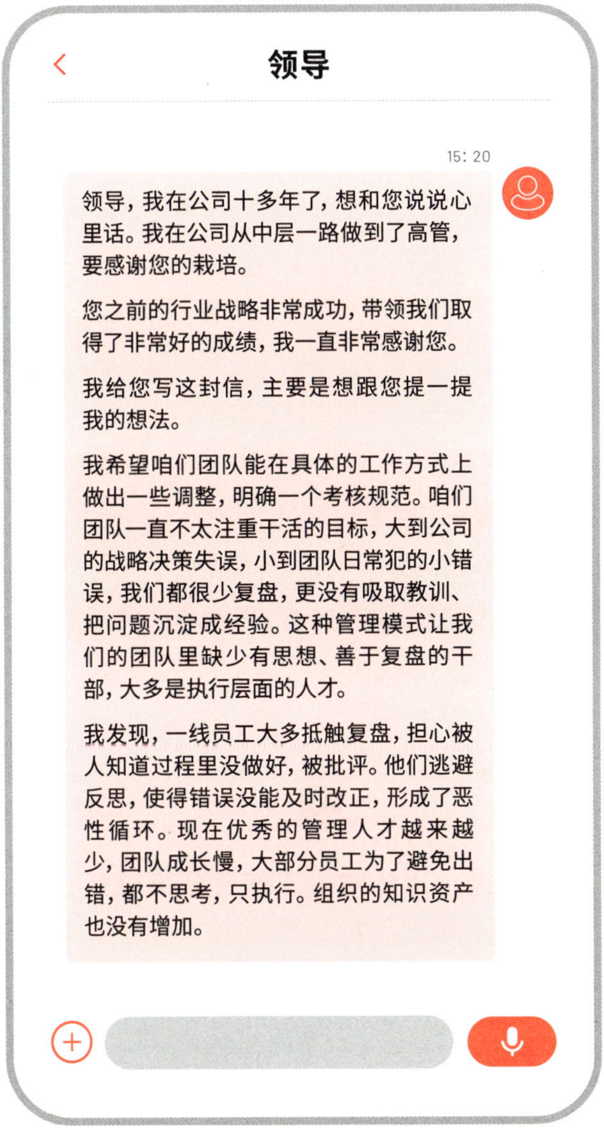

领导

15: 20

领导，我在公司十多年了，想和您说说心里话。我在公司从中层一路做到了高管，要感谢您的栽培。

您之前的行业战略非常成功，带领我们取得了非常好的成绩，我一直非常感谢您。

我给您写这封信，主要是想跟您提一提我的想法。

我希望咱们团队能在具体的工作方式上做出一些调整，明确一个考核规范。咱们团队一直不太注重干活的目标，大到公司的战略决策失误，小到团队日常犯的小错误，我们都很少复盘，更没有吸取教训、把问题沉淀成经验。这种管理模式让我们的团队里缺少有思想、善于复盘的干部，大多是执行层面的人才。

我发现，一线员工大多抵触复盘，担心被人知道过程里没做好，被批评。他们逃避反思，使得错误没能及时改正，形成了恶性循环。现在优秀的管理人才越来越少，团队成长慢，大部分员工为了避免出错，都不思考，只执行。组织的知识资产也没有增加。

图3-3

这就是典型的“小作文”，铺天盖地都是字，在手机上得划好几屏。领导要是岁数大点，都不一定能看清。

但字多还不是致命伤。“小作文”真正的问题是它忙于表达自己，一股脑儿地往外倒感受和情绪。对方可能看两行就不耐烦了：你的诉求是什么？希望我怎么回应你呢？通篇下来，这些最基本的问题都没解决，肯定不行。

你可能会问，要是想跟领导说说心里话，这条信息该怎么写？

我的建议是，任何需要写“小作文”来说的事情，都不要寄希望于在线上说明白。但你可以用选择法给领导发条消息，约他交交心：“**领导，我有件事想约您半小时汇报一下。我能不能在明天下午 2 点找您当面汇报一下想法？**”

这就把一篇洋洋洒洒的“小作文”简化成了“是”和“否”两个选项，对方决策的成本会更低。至于你的感受和情绪，留着当面说。这样既能避免误会，也能把你想说的真正说明白。

线上沟通，怎么对接工作能获得确认？

第二类场景就不是一对一沟通了。我们一起看看在工作群跟同事沟通有什么好方法。

看到工作群这几个字，我相信应该有读者要大倒苦水了：“我在群里确认工作经常被人晾着，没人接茬，只能等线下开会时才能解决问题。”

这真是让人没辙啊。而且我观察到，很多人的应对方式就俩字——等着。反正话我已经说了，这就算是干完了，剩下就等你们什么时候看到什么时候干活。

这样确实挺轻松，问题是到真要“交作业”的时候，拿不出来结果，责任还是你背啊。所以，“线上沟通推不动”的问题，还得另找方法。

不妨先回想一下，那些在群聊里没人回的消息，到底长什么样？

请看图 3-4，一个真实的例子。一条消息发在群里两个小时没人理，惨不忍睹。因为它连纪念短片谁来做、什么时候交付都没说。那别人为啥要在群聊里主动表现，蹦出来认领工作呢？反正我不愿意这样做。

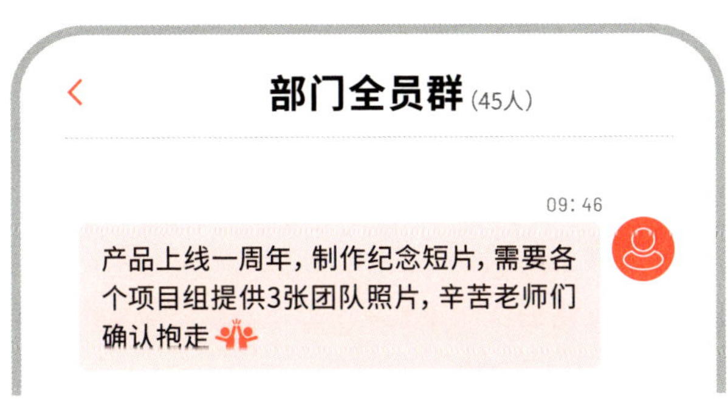

图3-4

再看图 3-5。还是同一件事，只不过换了一种沟通方式，为什么很快就有人回复了？

这就要说到我为你准备的组合拳法了。它的内核是，你在群里推进工作时要做两个动作：

第一个动作是和关键人物提前确认工作内容。注意，不是在工作群里确认，而是一对一私信确认。

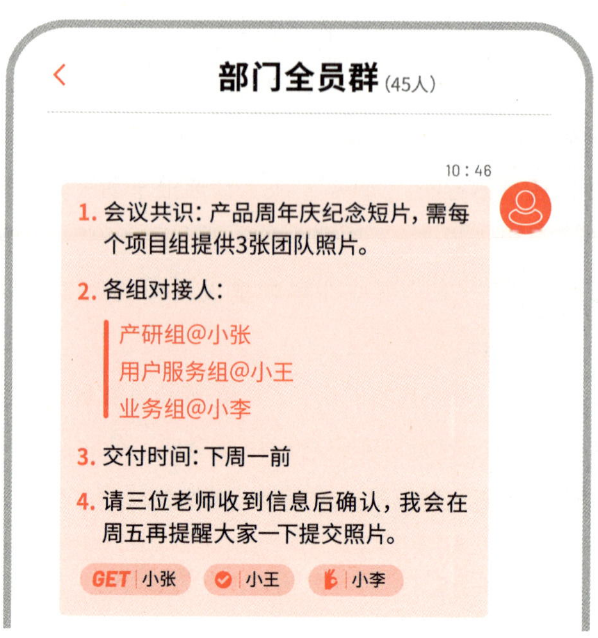

图3-5

咱设身处地地想想：你在开会时突然收到一则通知，打开一看，发现是某个同事找你协调某个工作，直接在群里圈了你。你的第一反应是不是：这什么情况，让我干什么呀，我什么都不知道啊……

你会立刻接单吗？不会吧。大概率你还会撸胳膊挽袖子，找对方理论。

如果连你自己都是这种反应，那咱是不是换位思考一下，在群里派活的时候先别着急圈人，而是私信或者当面跟他把任务交代清楚呢？

反过来，如果你一对一跟对方确认好了，双方就任务怎么推进也有共识了，之后你还是要在工作群里同步。这是第二步。

这件事不是你们俩之间的事，它和整个项目都有关系。推荐你用清单体在群里发一条消息，把具体的负责人、接下来的动作同步给群里的相关同事。

—

到这里，我们可以说说群聊区别于私聊的特点了。

在我看来，工作群是线上的广场。你在群里每说一句话，都是在广场上喊话。看起来你是在跟特定的人说话，但广场上的其他人可都看着你，也都在通过你的一言一行评价你。

如果你事先没跟人家沟通，直接在广场上喊这个叫那个，那当然没人愿意理你。围观者可能还会觉得你这人有点霸道。

反过来，如果你已经跟对方达成一致了，那就要在广场上大大方方地说出来，让来来往往的人都看到你的工作进展。他们当中有人跟你这个工作有关系的话，也能同步了解情况，沟通的透明度也能因此提高。

我们可以在一个具体的场景里演练一下组合拳法：领导让你负责牵头新品的上市营销工作，你需要跟负责运营的同事打配合，在公司的公众号上发一篇推文。这其实是件小事，但如果直接在群里说，对方通常会已读不回。

所以，你最好先和这个同事私聊：“**小王，我们团队把新品上市的工作做到这个阶段了。下周想请你配合一下，在公司公众号上帮我们发个推文。这篇稿子我已经准备好了，只需要在下周三发布上线就可以。在公众号上发送这篇推文是配合这次产品上市营销非常重要的一环，这方面你是专业的，还要请你多帮忙。**”

因为是一对一沟通，小王要是有什么顾虑，也会当面拿出来说说。等你们商量好以后，像图 3-6 那样，用清单体在群里同步事项就可以了。

部门全员群 (45人)

10: 30

新品上线，宣发工作内容同步。
@相关同事

1. 任务交付日期：1月20日
2. 交付成果：新品宣发稿件推送
3. @我 TO DO：在1月18日前给小王提供好确认的稿件。
4. 请 @小王 配合在1月20日微信公众号将稿件推送上线，辛苦老师收到后回复确认，感谢配合！

图3-6

【练习】

跨部门同事躲着我，不接群里的工作，怎么办？

▼

关于群聊沟通，还有一种特殊情况是我为这本书做前期调研时了解到的。有读者说，他在工作群发起跨部门协作时，有的同事就是不愿意配合。虽然他也找同事一对一提需求了，但对方就是躲着他。如果你也遇到过这种情况，我要给你提个醒：这可能不仅仅是因为你当时的沟通没做到位，还可能是你平时在工作中没有注意去经营同事关系。

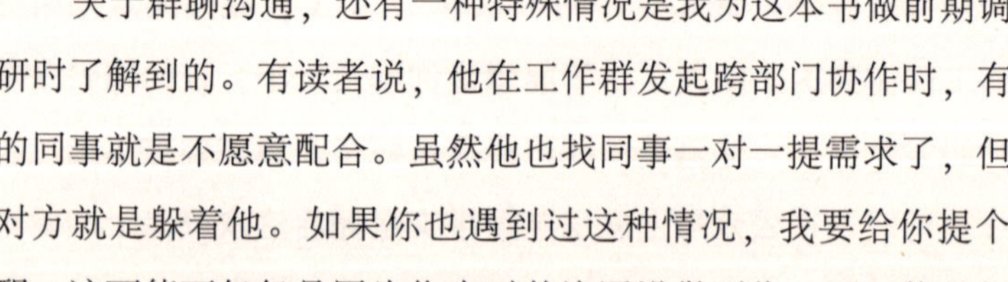

我经常说一句话：**先构建关系，再解决问题**。特别是跨部门协作时，关系要是不到位，双方没建立起信任，也没那么亲

近，人家事儿又那么多，凭什么非得配合你的需求呢？

所以，提高人际关系友好度这事儿咱非做不可，而且马上可以做。最省心省力的方法是养成一个习惯：跟跨部门同事合作完以后，在工作群里公开表达感谢，像图 3-7 那样。

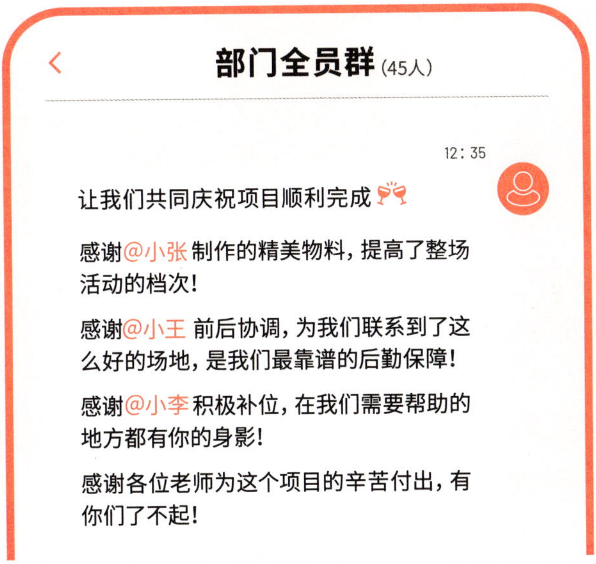

图3-7

一个周到的公开感谢，首先要足够直接。既然是好事儿，咱就大大方方地夸出来。

这就要说到线上沟通的好处了——很多感谢的话在线下可能没机会说，因为并不是每个项目都会敲锣打鼓地开表彰大会。但线上不一样——工作群就在那里，随时打字随时说。

其次，感谢还要具体。你不能笼统地感谢项目的兄弟姐妹，而是应该具体地感谢每一个人，以及他们做的具体的事。这样致谢不仅有诚意，在群里其他人看来，也会觉得主动这么做的你识大局、有团队意识。

线上群聊中，被公开质疑，该怎么回应？

到线上沟通的最后一部分内容了，咱上点难度，一起看看如果在群里被公开质疑了，该怎么处理？

客户突然在群里投诉我，领导突然在群里圈我“你这个项目是怎么回事”……都说工作群如广场，当你在广场上被人发难时，怎么做才能把坏影响降到最低呢？

先提醒你，千万不要想着去避风头，假装失踪。客户、领导都公开表达质疑了，你一躲，矛盾不就被激化了吗？

其实，学习了前面的内容以后，你应该知道，在群里处理问题之前要先一对一沟通。面对客户的投诉，你可以马上说：“**收到，您的反馈非常重要，我立刻电话和您了解一下情况，向您说明一下。**”

电话沟通完毕，还应该在群里反馈：“**王总，再次向您表达歉意。我把刚才我们电话沟通的内容记录下来了。您提出的需求是……接下来我准备这么解决问题，明天拿出解决方案再和您确认。感谢您对我们工作的提醒和要求。**”

这个方法叫作场景降级法。众目睽睽之下，不说不行，但说什么都容易激化矛盾。而当我们把场合降级，变成一对一当面说、电话说的时候，很多话就好开口了。

如果你有心观察一下，会发现那些高档商场和银行里大多设有 VIP 室。一旦有情绪激动的客户要投诉，工作人员就会训练有素地请他到 VIP 室沟通，避免让一个投诉影响整体的氛围。

这就是“降级”。我们可以通过主动承接、一对一沟通、反馈闭环这几个动作来理解它的内涵。

—

主动承接说的是，对方提出的问题不能拖延，越快被回复，对方就越觉得被重视。万一你真有什么事儿当下没看到消息，也应该解释一句：**“抱歉王总，刚才在一个会议上。现在我马上给您通个电话了解情况，看怎么把这个问题处理好。”**

还有，既然要处理问题，千万不要说：“我请示一下领导再给你回复”或者“这个问题我安排其他同事处理一下”。

很多人遇到发难，本能反应就是把事儿推出去。这其实是将自己置于和客户对立的位置，更容易加剧矛盾。很多时候，对方只是希望有人能把问题承担起来，说一句：“好的，我来处理。”你越直接面对，就越会被对方尊重。

记住“第一时间”（立刻）和“第一人称”（我）这两个关键词，主动承接对方的质疑以后，你就可以发起一对一沟通，并将反馈闭环了。对于这两个动作，我只有一个提醒：问题发生在哪里，就回到哪里去闭环。

还是说客户投诉的例子。要是你跟对方电话沟通以后就没信儿了，那还在群里旁观的领导会怎么想——到底什么情况？为什么到现在还没处理好？都说沟通是有陪审团的，所以千万别忘了，还有人在等着看呢。

表 3-2 是应对突发情况的群内回复模板。遇到类似情况，你可以直接拿来用。要特别关注前面说的“反馈闭环”——你会看到，模板中给对方的反馈不仅包含反述需求，还包括明确下一步动作，并给出具体的行动时间。

表3-2 突发情况群内回复模板

❶ 主动承接一对一沟通	收到，您反馈的问题确实很严重，我跟您当面/电话说明一下。	
❷ 反馈闭环	**复述对方需求**	@王总，根据刚才我们的沟通，您提出的需求是：__________________。
	对齐下一步动作	接下来我准备这样做：__________________。
	明确行动时间	我____________(时间)拿出解决方案，跟您确认。

比较一下“我们处理完了给您回复”和“周五晚上六点前跟您碰新方案”之间的区别吧。在你的能力范围内给出的信息越确切，就越有利于问题的解决。这就是我在回应质疑这个话题下想教给你的沟通方法。

✦ 花姐给你划重点 ✦

线上沟通其实不是以信息为中心，而是以注意力为中心的。

我们应该以沟通对象无法集中注意力为前提，将信息结构化，从而让对方愿意在线上回应我们发起的沟通——

领导不做决策，我们用选择法来降低他的决策成本。

群内对接工作无人回应，我们用组合拳法跟对方同步事项。

被公开质疑，我们用场景降级法处理危机，让双方都能满意。

最后，作为一个专门研究沟通问题的人，我想多说一句：无论线上沟通工具多发达，都比不上两个人面对面，真诚地看着对方的眼睛聊两句。

所以，不要忘记回到线下，构建能带给你滋养的关系。

我的行动方案

学而时习之，请在这里记录你的思考和改变

我决定做出一个改变：

我用新方法解决了一个问题：

我的感受：

第4关

争取资源

怎么争取资源，打造成事体质

✦ 关 卡 ✦

领导帮忙推荐了可求助的人选，
怎么跟进？

找不到特定资源，
需要请中间人帮忙，
怎么办？

如何构建自己的资源池？

✦ 道 具 ✦

供应商法 | 中间人法 | 标签法

你遇到过这种情况吗？单位交给你一个任务的时候，并没有匹配相应的做事资源，需要你自己到外面去想办法。给一场活动找公关公司来设计执行方案，为一款新产品到市场上调研符合其调性的设计，都属于这种情况。

你的第一反应是不是：我又不认识什么高人大咖，除了请领导关注、让领导想办法，连个下手的地方都找不到，谈何拓展资源？

别着急，这部分内容的核心就是要帮你解决这个问题。正式开始前，我想告诉你一个从别人手里“薅”资源的前提：学会“先利他，再利己”。先为他人创造价值，再从他们手里获得你想要的东西。否则，即便你偶尔得手占了便宜，最终也会被别人拉入合作“黑名单”。

接下来我们就到日常工作的高频场景中看看，“先利他，再利己”的思路会怎样帮你打开局面，争取到外部资源。

领导帮忙推荐了可求助的人选，怎么跟进？

领导给你布置任务，知道你手头没资源、没经验，所以靠谱的领导通常会给你推荐求助对象，这在他心里就算是给你资源了。

乍一看，领导都推荐人选了，还有领导的面子在，这事似乎不难。但事实上，你离办成事还差得远呢。领导只是给你指了一个求助的对象，至于怎么联系对方，怎么判断对方对这件事的影响，怎么说服对方帮你实现目标，都得靠你自己完成。

我建议你在联系求助对象之前，先准备好三段话。在职场上对接资源或者工作时，这三段话非常重要。可以说，把它们依次说清楚，你就成功了一大半。

第一段简单，介绍你个人的信息：“**王老师您好。我是小张，在 ×× 公司负责 ×× 工作，我的领导是 ×××，是他让我来拜访您的，今天非常高兴有机会能代表他来看望您。**”

第二段要说明你此次的目的。一定不要东拉西扯，要简单直接，便于对方反馈。比如：“**今天和您联系来拜访您，主要是因为我们公司要启动一个和人工智能有关的项目。我注意到您专注于人工智能产品领域，操盘过 A 产品和 B 产品。我也了解到您最近在 ×× 平台有过非常精彩的分享，我学习了很多，所以特别想邀请您为我们的项目方向把把关。**”

第三段是表明你能为对方带来什么价值。还是看一个示例：“**如果能请到您为我们的产品做这次指导，我们想聊表诚意。首先，我们整理好了详细的方案，尽可能节省您的时间精力。其次，我们还有一些针对 AI 产业的培训计划，我把汇总的培训需求给您看看。只要您有时间，我们连预算都准备好了，非常欢迎您来为我们讲课，我们都等着跟您学习。另外，这些工作我们都有一些经费的支持，您别嫌弃，仅仅代表我们第一步的诚意。**”

这三段话里，前两段不难，你根据自己的情况准备就可以。难的是最后一段，但它发挥的威力也最大。到底怎么说才能让你的求助对象真的听进去呢？你需要在发起沟通之前，做两项准备工作。

一项是想一下从你的角度能为对方提供的价值。比如，为了获取这个外部资源，你是不是可以申请到一定的经费。另一项则是结合对方的视角，审视这次合作能不能给对方带去一些他所需要的资源。别光忙着说我有什么，人家可能根本不缺这个，那你的说服就不够有力量。

举个例子，你要请教的这位老师从事管理咨询工作，微信朋友圈里发的很多是他们公司正在提供的跨文化沟通的培训服务。当你有一件事一定要找他帮忙时，是不是可以结合这位老师的实际需要，先给他上一个价值：“**我看您最近好像在拓展跨文化沟通方面的一些业务。刚好我们公司的几个合作伙伴和您的业务匹配，而且在多个国家都有布局。如果您不嫌弃，我可以把他们介绍给您，大家一起交流交流。**”

我把这段话背后的沟通方法叫作供应商法。意思是，你要在沟通的一开始就亮出自己的“供应商”身份，说明你能为对方带来的价值。具体怎么了解对方的需求，你可以参考表 4-1，从几个不同维度去找。

我们每个人都有自己的需求和诉求。采取供应商法的人跟其他人最大的区别就在于，他们愿意把对方的需求和诉求当回事儿，先为对方服务，再在对方愿意的情况下请他帮忙。

这种“先利他，再利己”的供应商法能达到什么样的水平呢？我说一个让我印象最深刻的例子。

很多年前，我们接到了一份参访得到公司的联系函。没错，就是那种常见的联系工作的公函。写这封公函的人代表了一批中小学校长，说了如下几件事：

首先，他介绍了这批中小学校长来自一个什么样的组织。其次，他提出了明确的诉求，得到公司至少要请一名高管陪同参观，给他们介绍关于公司某几方面的情况，而不只是带着看硬件。最后，供应商法来了，这封公函的结尾处是这么写的："我们也诚挚期望贵公司能对我们此次参访，提出你们的要求。比如，贵公司需要我们做哪些案头准备，或者需要我们提前阅读哪些资料。此外，来访的都是著名中小学的校长，如果贵公司的同事有什么孩子教育方面的问题，也请提出来，我们会尽可能地给予帮助。"

你可以想见这段话的力量。当时我读完这封联系函，就有一种强烈的感受：它说的好像不是一批校长希望来得到公司参观学习，它说的是这些校长能给得到公司带来什么样的价值。

这样一想，我的确有好多诉求要跟他们提一提，至少我有好多好多同事，他们的孩子很快就要上学了，面临很多教育方面的问题。所以这个参访请求我必须同意，而且还要积极接待。

现在我可以告诉你了，当时写这封函件的人是教育专家沈祖芸，而这个中小学校长参访团的团长是著名教育家李希贵。当然，今天我和李希贵校长、沈祖芸老师都已经是很好的朋友了，但每当想起多年前的这封联系函，我都觉得有很多事情要向这两位老朋友从头学起。原来，"在'公对公'的事务里，还能出现一种'人对人'的语言：我们要麻烦你个事，也看看你有什么事，我们可以帮得上忙。"

这就是供应商法带来的暖意和惊喜。

表4-1　供应商视角清单

对方最近在公开社交媒体、朋友圈发了什么内容？	
对方最近关注什么领域和信息？	
对方最近抱怨了什么？	
对方最近表扬了什么？	
对方最近聊得最多的话题是什么？	

【练习】
怎么跟领导推荐的人选沟通，避免做伸手党？

▼

现在我们来看看，跟领导推荐的外部专家互动时有哪些注意事项。

假设你在一家公司从事人力资源工作，你的领导把你拉进了一个微信群，让你向群里的某位绩效专家请教公司的绩效考核方案应该怎么设计。但你之前不认识这位外部专家，不知道怎么开口请他帮忙，怎么办？

先说一种错误做法，就是“初生牛犊不怕虎”，直接在群里圈对方，问他有没有现成的方案发来借鉴一下。这种“伸手党”的做法很容易被拒绝，而且大概率会给对方留下不好的印象，以后再想发起求助，得到回应的可能性很小。

你可以试试刚学会的方法。

第一步，在跟对方沟通之前做一些准备工作。既然你的求助对象是绩效专家，那他有没有分享过自己对于设计绩效考核方案的看法呢？在微信公众号、微博、抖音等公开平台上，一定能找到相关信息。从对方的视角出发，你在请教时才能分清主次。

第二步，把研究结论成果化。你可以先准备至少一个版本的绩效考核方案，把问题标注出来。如果写不出来，列一个大致框架也行，但必须要有这一步。凡请教，最好带初稿方案。这是赢得对方尊重的关键。

做完这些准备工作，正式向这位绩效专家请教时，刚才说的三段话就可以用上了："老师您好，我是 ×××，是 ×× 公司的人力资源，目前负责公司的绩效考核工作。我的领导向我推荐了您。"你可以在群内添加对方好友，私信他这段话。

接下来是表明你的来意："今天和您联系，是因为我们正在设计一套新的绩效考核方案。最近公司的组织架构做了一些调整，希望通过新的绩效方案激励团队中的先进分子。我学习了您关于绩效考核方案的一系列文章，大致列了一个框架，准备从这几个方向着手。目前在 ×× 几点上还拿不准，想听听您的建议。"

最后，讲讲从你的角度能够提供的价值，以及结合对方的视角，看看他所需要的价值："因为我们公司主营业务是电子制造代工，我这边有一些相关资源，比如……您有需要的话这些都可以为您服务。最后，如果您时间方便，我特别想当面向您请教和绩效考核方案相关的事情。期盼详聊。"

你放心，这样三段话足以给外部专家留下认真靠谱的好印象，你从对方那里获得资源的概率就大大提升了。不过需要注意的是，在口头沟通、邮件、互联网公开平台等不同场合，这三段话的组织方式有一些区别。你可以根据自己的实际需要，参考表 4-2 中的话术发起沟通。

2

找不到特定资源，需要请中间人帮忙，怎么办？

在上面说的场景中，我们知道外部资源在哪里，所以可以聚焦

表4-2 自我介绍清单

场景	具体话术
口头沟通版	• ______，您好。我是______，在______公司负责______。 • 之前在______就关注过您，很高兴今天见到您。 • 我这边有______等相关资源，希望接下来和您有更多交流的机会。
微信版	• ______，您好。我是______，在______公司负责______，通过______加到了您的微信。 • 今天和您联系，是因为______。为此我做了______准备工作。 • 同时，我比较擅长____和____。如果您有这些方面的需要，可以随时和我沟通。期盼详聊。
公开平台版 微博、小红书、脉脉等	• ______，您好。我是______，来自______。 • 在______平台上关注您很久了，这次联系您，是想邀请您参加______。为此我做了______准备工作。 • 同时，我比较擅长____和____。如果您有这些方面的需要，也可以随时和我沟通。 • 如果可以，希望能加微信详聊，期待您的回复。

目标、排除干扰，把资源快速拿下来。但还有一种更难的情况，就是你和你的领导都不知道资源该上哪儿去找。

比如，单位计划打造一个类似 TED 演讲的活动，要你去邀请一些合适的嘉宾。我相信很多人遇到这类情况都会想：领导没有推荐人选，我自己也不认识什么大佬，要不就诚实地说我干不了吧？

但我想和你说，办法总比问题多，所以千万别交白卷。下面就来看看可以用来解决问题的中间人法。

你一定知道社会学里的六度分隔理论：任何两个陌生人之间所间隔的人不超过六个。也就是说，最多通过六个人，你就可以认识任何一个陌生人。找不到合适的嘉宾，没关系，咱先找有可能连接到嘉宾的那个中间人。

这个任务是不是要简单得多？你不妨积极主动一点，在朋友圈，在同学群，在各种场所都吆喝一声："我要做一件……事，谁有这方面的经验？""这方面的工作，谁能给我一点建议和指导？"

这个时候蹦出来的人，虽然未必最终能帮到你，但他很有可能就是一个多少了解点情况的中间人。怎么通过他，一步步找到你想找的那个人呢？有三个关键的细节要牢记。

—

第一，目标清晰。你要清楚地介绍你自己，说明你的目的和诉求，就像前面供应商法要求的那样：**"老师您好，我是 ×××，来自 ×× 单位，我想请您帮个忙。"**至于是让人帮你介绍资源，还是给你做个指导，都得说清楚，不要藏着掖着。

第二，路径清晰。很多时候中间人不愿意帮你，是因为他觉得这事儿很麻烦，他帮你所要启动的心理成本很高。所以，"你希望对方怎么帮你"的路径一定要足够清晰。

感受一下下面两种找中间人帮忙的方式：“能请您帮我们邀请××老师来参加这次演讲活动吗？”“有没有可能帮忙介绍一下，给我拉个群，我正式地邀请看看。”

帮你请到一个人和帮你拉个群，这两个任务的难度完全不一样，中间人帮你忙的启动成本也不一样。而且，即便是拉群这个任务，难度也可以继续降低。你试着以中间人的口吻，写好自我介绍和你的诉求。这样他拉群向嘉宾介绍你的时候，直接复制粘贴就行。

我给你打个样：“**老师，群里的这位是×××，来自××公司，负责××项目。他是我的一个朋友，我们合作过很多次，很靠谱。他们公司去年办了××活动，取得了很好的效果。现在他特别想跟您建立联系，未来也希望有机会邀请您去参加他们的新活动。我介绍你们认识一下，具体的事你们沟通。**”如果中间人觉得帮你这事儿不难，那他就没什么负担，差不多替你办了。

千万不要以为中间人是你认识的人就可以随便使唤，他愿不愿意帮你，仍然需要你自己争取——规划出一条清晰的路径，在这条实现目标的路径上把难度一点点降低。因为对于中间人来说，任务难度越低，启动成本越低，帮你的积极性越高。

第三，也是中间人法的最后一个细节，叫作结果清晰。

你从中间人那里获得帮助以后，千万不要把他“扔”了。不管结果成没成，都要闭环反馈，别等到他来问你才说。建议你在下面三个时间节点跟他同步。

首先是在求助当下：“**这次要特别感谢您，得亏您的推荐，帮我联系到×××。以后有什么用得着我的地方，您千万别跟我客气。**”

还记得供应商法吗？中间人也是我们的供应商，你也要说清楚你能为对方带去的价值。比如：“**最近您是不是在忙 ×× 项目，我们公司有一个部门也在做这方面的事。如果需要跟他们交流，您告诉我，我替您去联系。**”

这样一来二去，你们就成了合作更紧密的伙伴。

其次，如果你跟中间人帮忙介绍的某个人建立合作了，那么当你们的合作取得某个里程碑时，也可以告诉中间人：“**上次您推荐之后，我们和 ××× 的合作已经推进到签约阶段了。一切都很顺利，当初多亏有您帮忙。**”

个体心理学之父阿德勒有个观点，人际关系的高级状态叫作“共同体感觉”。换句话说，我们作为共同体的一员，都有“被需要”的感觉。你在固定的时间节点给中间人反馈，让他们感到“被需要”，那么未来你向他寻求资源支持时，这种感受就会像钩子一样，把他助人的意愿再一次“钩”出来。

最后一个时间节点，就是你成功完成任务的时候。同样地，请不要忘记中间人：“**多亏您上次的帮助，我们和 ××× 的项目合作非常愉快，取得了……的成果。我的领导也特别满意，让我一定要向您表达感谢，欢迎您有空来我们公司坐坐。**”

像这样在短时间内高频次地反馈，既能强化你和中间人的关系，也能管理你在对方心目中的“品牌形象”。他知道你是一个值得帮的人，以后他有好事还会想着你，当然他也会替你维护你在社会上的口碑。

至此，我还想给你一个提醒：纵使我们做了这么多，但在我们对外争取资源时，还是要有一个好心态。中间人愿意帮你是情分，但他并没有义务必须帮你。咱不能“用努力换帮助”，也就是暗戳戳地说这种挤对人的话："您看我已经做了这么多功课了，您还不帮我一下。"求助和帮助，这种关系从来不是交易。

所以，如果中间人拒绝了你，你也别泄气，更别记恨对方。你完全可以回一句："**没事没事，完全能理解，我再想想办法。有机会您也替我想着。**"

这样做，无论如何你都维护了一个朋友。行走江湖，多栽花、少栽刺，对自己也是一种保护。

3 如何构建自己的资源池？

到这里，难度还要再升级。既然我们知道职级越高，对资源拓展能力的要求越高，那我们为什么不在职业生涯早期就有意识地积累一些资源呢？

从我观察到的现象来看，绝大多数职场人，甚至包括一部分职级很高的人其实都没有这个意识。而这件早干早受益、越干越有积累的事，你现在就可以操练起来——参加行业会议时，多认识几位前辈，看之后有没有合作的机会；出席商务宴请时，在各领域的专家面前混个脸熟，以便日后向他们请教。

但你可能觉得，说来轻巧，这对我们老实人而言可太有难度了。我当然想跟大拿学习，但这些人身边往往围着很多人，和他们说上话就挺费劲的，怎样才能让他们记住我呢？

有一个方法管用，就是主动给自己"贴标签"，强化记忆点。标签法下面的四块内容，都是为增强我们的识别度而设计的。

咱还是从自我介绍说起。以我自己为例:“你好,我是脱不花。作为联合创始人和 CEO,参与创办了罗辑思维、得到 App、时间的朋友等知识服务品牌。”像这样跟陌生人介绍我自己,虽然不会出错,但你说这里面有什么记忆点吗?

并没有。一份好的自我介绍不是从“我是谁”出发的,而应该从“我能为你解决什么问题”出发。试着用供应商法,在自己身上找一个能帮别人解决问题的特征出来,然后把标签贴那儿。

还是以我为例。说完基本信息后,就该给自己“贴标签”了:“我是一个沟通方法的研究者和布道者,曾接受清华大学、腾讯集团、交通银行等机构的邀请,为他们的团队讲授职场沟通技巧。我接触过的很多机构都非常注重培养员工的沟通能力,因为这对于提升团队绩效有非常正面的影响。如果你也对职场沟通这个课题感兴趣,希望通过沟通给组织提效的话,我能帮得上忙。咱们多交流。”

我在这段介绍里不断重复“沟通”,其实是想告诉对方:只要你重视沟通这件事,我就对你有用。对方会将我和“沟通”这个标签关联起来,把我放在他个人的“供应商库”里某个固定的位置,这样就更容易记住我。

你也可以按照这个逻辑来设计自我介绍,让不同的沟通对象都能记住你和你的标签。表 4-3 里有一些常见标签及示例,供你参考。这样,当大多数人还在说自己是谁的时候,你就已经率先释放了想跟对方建立连接的信号。

标签法的第二块内容是我们在构建资源池时特别容易忽视的,就是你得向对方展示你对他说的东西感兴趣,看下面这个例子就知道了。

假设对方是人工智能方面的技术专家,那么等你做完自我介

表4-3 自我介绍标签清单

标签类型	示例
业务标签	● 我写文案写过好几次10万+，也帮______等公司写过宣传文案。大家在创意文案方面有困扰的，可以找我。
职业标签	● 我是_____公司研发人员，对_____技术感兴趣，想入门的新手，可以随时交流。 ● 我是_____公司的社群运营。有产品在私域推广方面比较困惑的，可以一起交流。
专业标签	● 我大学是英语专业的，有高级口译证书。你们的跨境贸易业务如果在交流上有什么问题，我可以帮忙看看。
产品标签	● 我目前在做一款面向女性的游戏产品。我之前做过______产品，帮助上万人提升了办公效率。
爱好标签	● 我最能拿得出手的事，是我很喜欢拍照。我自学摄影技术，公司很多产品图就是我拍的。想学习摄影的朋友，咱们多沟通。

绍以后，是不是马上可以说：“**今天这个机会太难得了，我们团队最近也在讨论人工智能的最新进展。如果有一些特别值得学习的文章，麻烦您多给我推一推，让我们可以跟着您快速学习。**”

哪怕对方不是专家，你也可以在他的核心优势区上个请教：“**我知道你们公司在 ×× 方面做得特别好，有机会可得跟您多请教，或者您看今天方不方便给我透露一二？**”只要你表现出这种善意的好奇，对方一定能感受到被探索、被关注、被喜爱，你就可以学到新东西。

需要注意的是，展示好奇心不仅取决于对方的职业身份，还要考虑你们所处的环境——你是能争取到一对一沟通的机会，还是只能跟他在公开场合互动。我在表 4-4 里放了一对一和在公开场合沟通时可以用的话术，它们在表述上有一些区分，你可以多留意。

—

前两块内容都有参考话术，也都可以提前练习。但咱不能做完自我介绍、跟对方上个请教就完事儿了。聊天都是一来一回的，你还要想办法跟对方互动起来。所以，我会在标签法的第三块内容里给你一个小技巧，叫作“多说半句”。

你品品有没有那半句的差别在哪里——新朋友问我：“脱不花，你老家哪儿的？”我回复说：“我是山东人，您是哪里人？”

要是没“您是哪里人”那半句，光说我是山东人，这天是不是就聊死了？但因为有那半句话，我就可以把问题还给对方。不管他有没有多说半句，对话都可以持续下去，像这样：“我是河南人。”“那咱们是邻居。对了，你来北京多少年了？”……

你不需要舌灿莲花，只要对他人有基本的好奇心就可以。而当你通过良好的互动跟别人搭上线以后，就要看怎么让双方的关系维

表4-4 兴趣展示话术

场合	话术
公开场合	刚才________提到的观点特别好，我自己也在________方向做了些小研究。但是在____地方遇到了卡点。 就着今天这个机会，我也特别想和________老师交流学习一下。
	上次我看到__________老师讲到了________相关的内容。 我们公司目前也在做这个方向，今天我也想和大家在这个方向有更深入的交流。
一对一场合	这个太有意思了，能请你展开说说吗？
	最近听说你们行业发生了_________，我挺感兴趣的，但毕竟我是外行。究竟是怎么回事，能问问你吗？
	你刚才提到的成果好厉害。和别人相比，我觉得_________部分特别好。能向你请教请教，是怎么做到的吗？

系下去了。这是标签法的第四块内容。

关于如何经营与外部客户的关系，我在一家大公司的部门经理那里见过一个特别好的做法：只要他的工作有变动，他都会主动给外部合作伙伴发条消息，类似这样：“**花姐，好久没联系了，最近我的工作有个……的变动，向您报备一下**。”

这段话很简单，可以说工作变动，也可以说最近重点在做什么项目；一来一回讲两句，都不用深聊，目标就算达成了——他愿意把自己的现状告诉我，就是友好地表达了对我的惦记。但凡我手上有个什么事儿跟他的新工作有关系，我都很乐意跟他谈谈合作的可能性。哪怕现在没有这样的机会，未来他找我合作的时候，我因为知道前因后果，启动这件事的心理成本也大大降低了。

回过头来看，构建资源池的方式并不复杂，就是做好四件事：准备一段有记忆点的自我介绍、向对方展示你对他的成就很感兴趣、愿意多说半句把天聊下去，以及告诉对方你的现状，主动维系你们的关系。

用这种方式争取资源，你渐渐会发现：有人愿意跟你分享行业里正在发生的事情了，有好的合作机会，也有人会想着喊你一块儿干了，你的外部资源池也越变越大了。再遇到领导布置任务，资源不足的情况，你不但不会撂挑子，还可以说：“领导，我认识的一位老师也许能给我们帮上忙。”

这就是把活干漂亮的人会有的样子。

【练习】

领导带你在饭局露脸，怎么让现场的人记住你？

领导愿意在一个饭局上把你介绍给这一行的前辈们——这样的机会的确很难得，但你的压力肯定也很大——怎样才能让前辈们记住你呢？

我们用标签法演练一遍。

第一步，用“贴标签”的方式准备自我介绍，主动为行业前辈创造记忆点。

你可以提前问问领导，参加这次饭局的前辈都有谁，然后从“我能为这些人解决什么问题”出发来准备自我介绍，比如：“大家好，我是张总的下属小李，主要配合张总做××方向的工作。今天很荣幸有机会认识前辈。我私下特别喜欢研究AI，希望通过AI来给工作提效。我还沉淀过一本AI办公手册给部门同事。各位前辈如果觉得想让下属也用上，我可以把操作手册发过来，希望能帮各位解决这个问题。”

带你参加饭局的是你领导，饭局上的人认识他，但还不知道你是谁。所以，要先说明你的身份是“×××的下属”，再利用“特别懂AI办公”这样的标签来加深其他人对你的印象。

第二步，在交谈过程中，向行业前辈展示你对他说的东西感兴趣。

像这样的饭局，领导一般会带着你。那么参考在公开场合的沟通方法，你可以跟前辈说：“刚才王总提到的观点对我特别有帮助，我们一个新项目正在筹备过程中，最大的挑战就是协调好各部门。就着今天这个机会，我也想跟王总好好取取经，您是怎么把各方面关系协调得游刃有余的？如果方便的话，希望待会儿能向您详细请教。”

但如果领导有事出去了，或者他忙着跟其他人聊，你就得跟饭局上的前辈一对一沟通了，可以像这样发起对话：“王总，久仰大名，我是张总的下属小李，经常听张总提起您。他告诉我您也会来参加这个宴会，我就想着赶快来跟您认识一下。我关注到您最近接受了 ×× 媒体的专访，我看了两遍，受益匪浅。您对于行业未来 10 年发展的观点让我很震撼，借着这个机会，我也想跟您请教请教。”

对于前辈来说，有个后辈对自己的观点很感兴趣，跟他唠两句嗑，有何不可？当然，要是你提出的问题也很在点上，那就更好了，因为他能很清楚地知道，应该从哪些方向给你指点。

第三步，不让对方的话掉地上，愿意多说半句。

在一来一回的交谈中，你肯定会抓取到一些关键信息，那么请试着在这些信息的基础上多说半句，比如“您这招太高了，看似都是细节，但是对管理任务非常有用，既保证了效率，还能兼顾团队士气。今天可太感谢领导带我来了，我得接着请教您”，让对方更乐于回答你的问题。

在这一步需要注意的是，别把带你来饭局的领导晾在旁边，薅着一个前辈使劲问问题。像这样的场合，对话有几个来回就可以了。

第四步，有意识地经营关系。

在饭局上给前辈们留下好印象很重要，回到日常，是否还能跟他们保持互动，这一点也很重要。怎么加深对彼此的了解、让双方的关系更紧密，这些也是你在对外拓展资源时应该考虑的。记住那句话，沟通是一场无限游戏。做个有心人，你们沟通的回合、你们的合作都会越变越多。

✦ 花姐给你划重点 ✦

手头资源不够的时候，能不能冲到外面去找资源？这是比前面说的接任务、线上沟通等更高阶的能力，也是能帮你打怪升级的能力。

怎么对外拓展资源？我一共给你了三个方法：

供应商法，说的是你先要当别人的供应商，展示自己的价值，再换取别人的能力。

中间人法，就是不求一步到位找到那个终极资源方，通过跟中间人的合作铺垫路径，也能连接关键资源。

标签法，让别人知道你是谁、你对他有什么用。你越能帮别人解决问题，别人就越有可能跟你达成合作。

我在这一关开头告诉你，这些对外拓展资源的方法，都是“先利他，后利己”。现在你应该知道了：看似是利他的，本质上都是利己。

我的行动方案

学而时习之，请在这里记录你的思考和改变

我决定做出一个改变：

我用新方法解决了一个问题：

我的感受：

WELL DONE!

第5关

会议发言

怎么在会议上发言，才能脱颖而出

✦ 关 卡 ✦

会议上突然被点名，
怎么回应？

怎么在会议上提出
自己的想法？

参会没有存在感，
怎么办？

✦ 道 具 ✦

感受法 | 锚定法 | 角色贡献法

大多数人对于在会议上说两句，首先感到的是畏惧，担心在同事面前发言，说错了会留下不好的印象，所以能不说就不说，然后可能还会给自己找补几句：我人微言轻，讲话没什么影响力，还是多听听领导怎么说吧。

如果你也是这样想的，那就来看看好的会议发言有机会撬动什么吧——

在不久前的一场会议上，我发现有个姑娘说话特别在点子上，对于工作的理解也很到位。当时我就忍不住看了一下她的人事档案，发现职级不高，跟她的能力明显不匹配。会后跟人力资源经理了解情况才知道，她因为一个非常偶然的原因错过了年度晋升的机会，导致职级一直没上去。那咱可不能让有能力的人吃亏，赶紧让人力资源部给了一次补救的机会。晋升之后，该带项目带项目，该管团队管团队。

我相信这不是个例。因为在会议上的出色表现被领导、同事、客户看见，从而获得新的机会，每天都在职场上演。特别是一个新人，如果能大大方方参与会议讨论，发表独到见解，就是在亮出闪光点，也能让所有与会人高看一眼。

下面我们到三个常见的会议场景看看，有哪些能让你脱颖而出的发言。

会议上突然被点名，怎么回应？

先看一种很多人都不愿碰到的情况：在会议上突然被点名发言。有朋友甚至痛苦地告诉我，冷不丁被叫起来说两句，简直是职业生涯的“至暗时刻”。到底发生了什么呢？

话说这位朋友能力不错，工作也非常努力，很受直属领导的赏识。有一次，领导带他参加一个集团级别的会议，总负责人在会上忽然来了句“各条线的头头脑脑都来了，你们挨个讲讲”，其中也包含咱们这位朋友。但他因为紧张，只挤出了一句话：“今天来参加集团的会议，我很荣幸。跟各位领导学到了很多。”

这句话错了吗？没错。但是毫无存在感。所以，他刚走出会议室就后悔得直拍大腿。带他参会的那个上级也略显失望地说：“平时看你挺能说的，也挺有想法，怎么到了关键时刻就掉链子呢？”

你可能觉得，会议上突然被点名，不出丑就不错了，还想长脸，那可太难了。但先别有畏难情绪——那些看起来很精彩的临场反应，其实是可以提前准备的。我给你演示一下，上面这种情况，一个高准备度的人会怎么说：“**谢谢领导。各位领导好，我叫×××，在××部门负责××方面的工作。今天参加这场会议对我的工作特别有启发。我平时只在一线，从来没有从这个角度看待过自己手头的工作。今天我知道了集团在推动一项政策的背后要考虑什么因素，这对我开展自己的工作帮助很大。今天王总、张总说**

的 ×× 信息我都记下来了。回去我得整理整理，深入理解一下。”

相信不用过多解释，你也能感受到这段话和“很荣幸参加会议”之间的区别。你不用生造华丽的辞藻，也不用提出特别高深的见解，只是结合自己参与此次会议的感受谈一谈，就能给与会人留下既实在、又踏实，还挺有想法的好印象。

为了方便记忆，我把这段话所用到的沟通方法叫作感受法。顾名思义，会上突然被点名，要即兴说两句时，你就可以从感受出发，讲讲你看到了什么、想到了什么、产生了什么样的情绪。

同一件事，每个人都可以有自己的感受，不存在好坏对错之分。但如果不说感受，而是选择直接谈意见、谈想法，很多时候会显得用力过猛——咱还没到可以评价集团会议的程度吧？所以在这个场景中，从自己的感受出发组织发言是优先选择。

在此基础上，你还要向在场的人汇报一下接下来你打算怎么做，也就是说说行动。比如，“**今天我参加了这个会议，回去要把纪要好好整理整理，吃透会议精神**”，这会让与会人觉得你很务实。再比如，“**我今天回去之后，打算把在会议上学到的 ××，落实在我的 ×× 工作当中**”，这给人的感觉是你不光认真，还有强大的执行力。

发现没有，先说感受，再谈行动，这种回应方式不仅不会出错，发挥好了还很容易出彩，可以说是即兴发言的万能句式。

但你可能会问，说行动简单，但感受要怎么谈，总不能不着边际地空谈吧？

我试着把谈感受的方法结构化了，就是你在模板（表 5-1）中看到的三个角度，分别是赞美会上的一个细节、承接前面人发言的关键词和回扣当天会议的主题。你完全可以像演员背脚本一样把这几个角度记下来。再遇到需要即兴发言的时候，它们就是你的抓手。

表5-1　谈感受工具

方向	话术
赞美细节	我观察到一个细节，__________，印象很深刻。
承接关键词	刚刚________说了______________________，我特别认同。在这方面，我的感受是________。
回扣主题	今天聊的__________内容，特别有启发。

【练习】
领导点名让我跟客户说两句，怎么办？

接下来我们加点难度，来看会议即兴发言里一种比较棘手的情况。

一个人陪同大领导跟企业客户开会，原本以为自己没啥存在感，结果忽然被领导点名："我们公司的小王很不错，非常有才华。小王你来讲两句，跟大家认识认识。"咱们这个朋友只觉脑袋一蒙，唯唯诺诺地说了句"哪有啊，您谬赞了"，就给糊弄过去了，事后回想起来特别后悔——

领导把你提溜出来，让你在客户面前说两句，本意是想让你展示自己，更是展示你们单位的风采。而你本能的反应是紧张，不知从何说起，把机会白白浪费了。

其实，这种看似棘手的情况也能按咱们前面说的方法来准备。先上一段自我介绍："大家好，我叫 ×××，在 ×× 岗位负责 ×× 工作。因为工作性质，我平时会在朋友圈分享很多自己的感受和心得，朋友们开玩笑说我是活体印刷机。"

发现这段自我介绍的特别之处了吗？它加了一个关于你的记忆点"活体印刷机"，马上就跟那些"我是谁，我来自哪里，我做什么"的介绍形成了反差感，既能活跃气氛，客户也容易记住你。

自我介绍之后就该谈感受了。我的建议是不要怕暴露自己的感受，紧张就说紧张，拘谨就说拘谨，在座的人都能理解。但要注意的是，前面领导跟客户介绍你的时候夸了你，你要记得接住这个夸奖，不让它掉地上：“领导说我很有才华，我真是愧不敢当，特别感谢领导的认可，让我能有这样的机会。说实话，突然让我讲两句，我真的有点紧张。”

紧接着就是说行动：“刚才我听张总说了……特别受启发，我从中学到了……我也不多占用大家的时间了，接下来我会认真学习各位领导的发言，多加记录整理，相信对我的工作大有裨益。”

其实，说行动就是在把麦克风递给下一个人了。咱不是主角，不需要长篇大论。按照上述次序组织发言，你就能在一场面对外部客户的会议上得体地展示自己。

2

怎么在会议上提出自己的想法？

下面这种情况也很常见：会议进行到一定程度，你很想发表自己的观点，但因为不知道怎么组织语言，一回头发现话题已经过去了。

“要不算了吧”，你盘算着。但没过多久，身边同事提出了跟你类似的看法，得到大家的一致肯定。“早知道我就先说了”，你又懊恼地想。

如果你心里的小剧场也是这么演的，那我可提醒你了，像这样的内耗真的没必要。以后想在会上提出自己的看法，你可以试试这么说：“**前面王老师说的××观点，我特别认同。刚才又想了一下，我觉得在具体执行的时候可以多做一步，比如**……**不知道对不对，**

提出来请大家拍拍砖。”

我把这种表达方式称为锚定法，用三步就可以把观点大大方方地表达出来——

第一步，锚定某位参会人之前说过的某个内容：“**我很认同刚才的 ×× 观点**。”这么说的好处是不会显得很突兀，你不是突然跳出来提了一个风马牛不相及的话题；相反，你是以其他人的观点为起点，从中引申出自己的想法。参会人不但会觉得你一直在参与讨论，而且能快速理解你想表达什么。

这时候，你就可以放下“别人不会知道我在说什么吧”的心理包袱，来说说自己的想法了，这是第二步。我只有一个小提醒：不要贪多，一次说一件事。具体怎么说可以突显你的专业性，咱们到练习题里再看。

第三步，保持开放性。发表完观点之后，你可以问问别人是怎么想的，欢迎大家一起参与讨论，这就是有开放性的表现。相关表述可以是“**以上是我目前的想法，请领导们进行批评指正**”，**或者**“**我了解到的情况是这样的，不知道是否完备，想听听各位同事的意见**”。

回想一下，你被点到发言的时候，有没有因为紧张，想着赶紧说完拉倒，“啪”一声就把观点撂那儿了？这在其他人听来其实挺突兀的，也会觉得说话的人有点霸道——你这是做了个决策，还是替领导拍了个板？

保持开放性，在发言的最后留下一个接口，其实也是对我们自己的一种保护。因为你已经表达得很清楚了，你是来补位的，没有越位。至于那些因为内耗没法说出口的想法，也已经被你用锚定法完整呈现出来了。

【练习】
怎么在提出想法时突显自己的专业性？

▼

再来看一道加分题。当你提出自己的想法时，怎么说才能体现你的专业性呢？

我曾听一位很权威的 CEO 说过这样一句话："要是你张嘴就说'我觉得'，就不要坐在这个会议桌上。"在他心目中，所有观点都应该基于数据和证据，轻飘飘的一句"我觉得"是特别没有专业性的表现。

你的上级可能不像他那么极端，但"发言体现专业性"这一点，应该是所有职场人，不分上下级都要追求的。那我们是不是可以在发言的时候，把"我觉得"用其他方式表达出来呢？比如："我们整理了这几项指标，它们反映了 ×× 现象，基于此我建议我们是否可以这样……"

这就不是"我觉得"了，而是用客观的数据带出主观的建议。领导可能不认同，甚至质疑你的想法，但他不会质疑数据和客观现象，甚至他还要基于你收集到的这些信息来做决策。

这是一种方法。还有一种可以体现专业性的方法要借个巧劲，把主观感受通过第三方视角说出来，即"我"换成"他"。

比如，你在体制内的某个部门工作，那你发言时用到的那个"他"就可以是上级部门、兄弟单位："关于刚才讨论的这一点，我了解到 ×× 部门 / 兄弟单位有类似的经验，他们的反馈是……所以我建议……"

再比如，你在传统国企，尤其是制造业工作，"他"就可以是供应商或者客户："明白领导的指示，我补充一个信息。之前跟我们合作很多年的 ×× 供应商 / 客户提出过这样一个问题，跟我们现在的讨论有关系。基于此，我的建议是……"

还比如，你在互联网行业或者服务业工作，那你心里应该很清楚，"他"必须是用户："我理解我们想要这样。我们之前向用户了解过，用户提出过 ×× 需求 / 问题 / 反馈，所以我建议是否可以这样去优化问题……"

要知道，会上的领导们决策能力再强、专业水平再高，也没法同时掌握所有信息。所以，如果你能用自己整理的精细化数据和向第三方收集的关键信息，把他们不了解的情况介绍清楚，你在会议上的专业形象将不证自明。

3

参会没有存在感，怎么办？

看到这里你可能要问了，参加会议最常碰到的一种情况还没说到呢。平常有人量的会跟我其实没什么关系，但我不得不参加。到了之后，别人都说得挺热闹，而我灰头土脸一坐一下午，觉得时间全浪费了。

如果这就是你的烦恼，那么请记住：来都来了，与其干坐着苦恼，不如为自己创造一些存在感和收获感。

下面我们就去那些"不得不"参加的会上看看，一个懂沟通、会干活的员工的做法跟其他人有什么不一样。

第一种会议的情况是你所在的小组整体向高管汇报工作。你只是一个小组员，会上还轮不到你说话。

我在这样的会议上见过两种状态。第一种，目光追随着发言者，频频点头表示认同，并且勤做笔记。第二种呢，一进会议室就找个谁也看不见的角落坐下，把头埋在电脑里，噼里啪啦敲键盘。

其实，不光是听汇报的高管、做汇报的小组长，任何同事看到那个传达出“我在场，我参与，我学习”信号的人，都会在心里默默给他一个评价：状态挺积极，真不错。

你看，花相同的时间，以相同的方式（旁听）参加一场会议，给他人的印象其实可以很不一样。

第二种会议的情况是单位开会，直接上级没时间，派员工去参会。

同样是代表领导参会，小李开完会回来马上给领导发了一条信息：“**您派我去参加的经营例会，我整理了一份会议纪要，附到后面了。和我们组最相关的内容，我放到了文件的最前面。有哪里我没写清楚，您叫我，我给您当面汇报。**”

而小张一回到工位就开始干自己的活。过了一会儿，领导忙完路过小张的位置，问他会上说了什么。小张答复：“没说啥，就是一些日常工作的同步。”

如果你是小李和小张的领导，在这两个人绩效很接近的前提下，该给谁评优、给谁晋升，你心里应该有答案了吧？

我们当然知道，员工表现出来的状态差异不能简单地用对错区别。但你是不是也觉察到了，那个小李好像更靠谱一些，因为他知道在会议中怎么做才不虚度。

我把小李采用的方法叫作角色贡献法，意思是你要知道自己在会议中扮演的角色是什么，自己又能为会议做什么贡献。

这不是要求你非得贡献一个石破天惊的观点，贡献氛围是贡献，贡献效率也是贡献，给会议组织者搭把手，做点会议服务，当然还是贡献。

具体分两步走。

第一步，提前确认这次会议你需要做什么。如果不知道，记住谁带你去、谁派你去，你就去问谁。

还是那个跟着组长向高管汇报的例子，你就可以提前问：“**组长，我理解今天的会议，您是要和大领导汇报下一阶段的产品方向，需要我做什么准备吗？您给我说一说，我提前操办起来。**”

经你一提醒，组长很可能会跟你说：“汇报文件记得提前打印出来，给每个参会的领导都发一份。过程当中你做会议纪要，会后跟大家同步。”

看，你马上为提高会议的准备效率做了贡献。你的参与感是可以主动问出来的。

第二步，按照自己的角色定位，不折不扣地去执行。

既然组长布置给你的任务是记录会议纪要，那咱就得在过程中认真记录。视线追随发言人，点头，做笔记，并在会后抓紧时间同步。

你可以在会议结束时跟组长说一声：“会议纪要我整理好了，稍后我再过一下发出来。”你的组长马上觉得很有面子，会跟其他人说：“会议纪要我们整理了，稍后我的同事会发出来。”短短几句话，你就跟他打了一次还不错的配合。这也是你通过角色贡献法为自己争取来的。

表 5-2 是我为你准备的会议纪要模板。下次遇到领导让你写纪要，直接填空就可以。在本书第二部分，还有“怎么写会议纪要”的办事攻略，哪些你做到了，哪些没有，最后查漏补缺一下。

表5-2　会议纪要模板

会议主题：　　会议时间：　　参会人：

会议共识

1. ________　2. ________　3. ________

行动计划

1. ________（人）负责________（事），在________（时间）
达成________（效果）

2. ________（人）负责________（事），在________（时间）
达成________（效果）

3. ________（人）负责________（事），在________（时间）
达成________（效果）

后续讨论事宜

1. ________　2. ________　3. ________

【练习】
陪同领导拜访大客户，应该怎么做？

▼

还有一类非常重要，但又经常让我们感到不知所措的场景，就是陪同领导拜访大客户。

在会上输出观点肯定得靠领导，一般咱就是在旁边充当人形背景板。这样做从当下看没什么问题，但等到跟客户对接具体执行工作的时候，你会发现麻烦不断——客户根本不记得你，但凡领导有事没跟你一块儿，你的工作就推进不下去。所以，参会的过程，也是你作为一个服务客户的人刷存在感的过程。

还是回到角色贡献法，会前确认好你应该做什么。

你可以这么跟领导说："我理解明天咱们去拜访这个客户，是为了发掘对方的一个合作需求，以便后续我们能够更好地去推进。您看哪些地方我可以提前做做准备？"

当然，你也可以更主动一点，提前把你想到的工作干了："领导，明天为了见客户，我考虑，咱们是为了挖掘客户的新需求。我提前也准备了一些资料，您看看，我这部分还有什么需要补充的吗？"

只要你跟领导提前对齐了要求，如果客户真的问到了这个信息，领导往往就会很自然地说："这方面小李特别专业，我们请小李来说一说。"

你的发言机会、你在客户心里的存在感，都是你通过"角色贡献"一点点建立起来的。所以，会前和领导对齐要做什么，会中严格执行，这两个步骤请记好。

✦ 花姐给你划重点 ✦

对于开会，你可能有很多内心戏：想露脸，但又不好意思；看到别人露脸，觉得自己也应该刷刷存在感；突然被领导点名，别人还没怎么着呢，自己就觉得紧张尴尬，最后反而丢脸。

我在第五关会议发言里做的所有工作，就是帮你把内心嘈杂的背景音屏蔽掉。关键靠“连”这个字——不管参加什么会，想办法把你自己和当下的会议现场连接起来。

开会时突然被点名发言，就把自己的感受和现场实际发生的细节连起来。这是感受法。

心里有想法却说不出口，就把自己的观点和别人已经说过的观点连起来；不但显得你很谦虚，还能表现开放性。这是锚定法。

陪同领导参会，没有存在感，可以通过主动找点活，做点贡献和会议的组织连起来。这是角色贡献法。

可以说，这个“连”字能让你的尴尬和紧张感减轻不少，你的观点和你为会议所做的贡献则会因为它被极大地放大。像这样用一点小努力来撬动大收获的会议沟通法则，快去试试吧。

我的行动方案

学而时习之，请在这里记录你的思考和改变

我决定做出一个改变：

我用新方法解决了一个问题：

我的感受：

第6关

汇报工作

怎么汇报工作，表达清晰有重点

✦ 关 卡 ✦

领导不听我的汇报方案，
怎么办？

我的汇报方案总是被推翻，
怎么办？

干得不错，
怎么汇报能让领导记住我？

✦ 道 具 ✦

信息增量法｜预演法｜对比法

你也许听过这样一句话:“干得好,不如说得好。”

这话绝对是错的。任何时候,干得好都是前提。但话又说回来,干得好,说不明白,轮到汇报的时候表现得一塌糊涂,那也万万不行,因为很多上级就是通过汇报来考察和选拔下属的。

我听微软前中国区总裁吴士宏老师讲过她的一段“梦魇般”的经历:每隔一段时间,微软全球各地区的高管都要到总部向当时的 CEO 鲍尔默汇报工作。鲍尔默会通过汇报看你是不是真的懂业务,能不能领导团队走向长期成功。他会故意给汇报人制造很多压力,挑战汇报人的思路和心态。所以,有的高管在汇报前会预订好一家酒吧,如果会上没出大事,就去喝酒庆祝;否则就喝散伙酒。

虽说我们基本不会遇到一次汇报定“生死”的情况,但吴士宏老师以及大量职场前辈的经历都在告诉我们:要想职场发展好,汇报工作少不了。

我们就来看看汇报工作有哪些方法。怎么做,才不让自己前期付出的努力卡在这临门一脚上。

1

领导不听我的汇报方案，怎么办？

我们先来解决一个基本问题：怎么让领导听得进去你的汇报？这个“听得进去”指的是，领导对你的汇报有回应，你能从他那里获得详细指示，从而可以继续往下推进工作。

要做到这一点其实不容易，相信你肯定遇到过这样的情况：你为汇报做了充分的准备，结果领导不仅来晚了，而且一进门就开始低头看手机。本来你就很紧张，结果对方连基本的注意力都没给，于是你越讲越没谱、越讲越心虚……

这是你的心理活动。但我们不妨从对方的角度再想一下：领导确实坐在这儿，但他的心思可能还在上一个会上，也可能已经去下一场活动了。他听不进去你的汇报，跟我在这本书前面说的线上沟通已读不回是同一个道理，因为有太多任务争相吸引着他的注意力。这场注意力之战，你没抢赢。

所以，你若是想改善汇报的效果，就要把他从多任务齐头并进的状态里拽出来，让他把注意力投入到你的项目里。

不妨看看下面两种汇报方式。如果你是领导，你觉得哪种更能抓住你的注意力？

· 领导，跟您汇报一下项目进展，我们做了这么几件事情。第一件……第二件……第三件……第四件……

· 领导，我们的项目最近终于攻克了生产效率的瓶颈，核心数据已经可以验证是实质性的突破，比去年同期提高了

××。目前进度一切正常，等项目完成之后，我约您做一次完整的复盘。

肯定是第二种，对吧？短短几句话，不仅说了遇到的问题，还说了解决问题的方案，甚至说了之后的行动计划。是不是非常有信息量？

这种汇报方式里就有我要向你展示的第一种方法，叫作信息增量法，它包含三个步骤：先说挑战，再讲有益尝试，最后对齐行动。

什么是挑战？不是喊这事难，而是说说项目实施过程中你面临哪些困难。这是第一步。

比如报告预计要一周才能写完，结果截止时间突然提前，只剩下三天了，那时间不够就是个挑战。再比如某个项目你们单位头一回做，没有任何经验可以参考，这也是个挑战。你在汇报时就可以先说：“**我们这个项目没有可参考的先进经验，所以××地方的错误率一直没降下来，这是目前工作推进最大的难点**。”

接下来的一步很关键。因为说挑战虽然能唤起领导的注意力，但没有表达好的话，对方会反过来质问你：“这不是跟我卖惨吗？自己的问题自己抱走解决。”

所以，如果你想平和地唤起对方的注意力，讲完挑战之后就要立即告知你做出的尝试，让他知道，为了战胜这个挑战，你已经做了这么几件事。

这就是信息增量法的第二步，讲有益尝试。它不见得是一个已经尘埃落定的答案，也不见得能解决你现在的困难，但它可以让领导看到你在往前拱，而且拱得有进度。

明确这一点之后，你就知道为什么以前做的汇报领导听不进去了。因为你是从“五百年前有个庙”开始说起的：“遇到这个挑战，我们尝试了 A 方案，结果不行；然后尝试了 B 方案，过程是怎样……”这样说体现不了你的进度。况且，对方也不想知道这些前因后果，他只想听你说挑战解决了没有。

我推荐你用“画地图”的方式向领导汇报：“**针对目前遇到的这个问题，我们主要做了三点有益尝试，分别是一……二……三……**”

上文中的一二三，就是你画的三条“地图线路”。你不是事无巨细地讲流水账，而是用对方容易记忆的方式让他知道，你在几个不同方向上分别做出了努力。那他就可以抓住关键信息，也能在那几个方向上再帮你使把劲。

这个时候就到第三步，对齐行动了。常见的表达方式有：“**领导，我预计这项任务会在下周三完成，到时候跟您做详细汇报。**”“**这项任务我预计明天下午可以完成 ×× 部分，想跟您约个时间，请您把把关，我们好推进下一步。**”

你可能觉得日常工作比较琐碎，这次汇报完，下次就不知道说什么了。而我在“对齐行动”这一步给你的建议是，不妨预估一下任务全部完成，或者完成某个重要部分的时间，拿着你的成果向领导发起下一次沟通。

通常都是领导给咱布置工作，但这个时候你其实反向给领导安排了一个活儿。那领导就知道了，下次听完汇报得指示两句，他的注意力自然也更集中了。

表 6-1 就是我按先说挑战，再讲有益尝试，最后对齐行动的

表6-1 信息增量法汇报模板

❶ 先说挑战	领导，我跟您汇报一下________项目的进展情况。 这个项目，我们遇到的最大挑战是__________。
❷ 再讲有益尝试	针对这个挑战，我们做了几项尝试，分别是__________和__________。
❸ 最后对齐行动	我预计______（时间），项目会推进到下一个阶段。 想约您______（时间），请您把把关。

顺序为你准备的参考话术。在汇报工作的场景中，你可以直接用起来。

但我想再和你强调一下：我们向领导汇报工作，主要是为了同步进度、约下一次汇报的时间。你不能只是套用话术，随便找个时间搪塞过去。咱得对项目的进度有预判，别拿连你自己都不确定的时间去应付。

如果预判有误，比如你和领导约了周四汇报，结果发现按现在的进度得周五才行，那你一定要提前跟他打声招呼：“**领导，上周我和您汇报进度的时候预判有失误。预计周四完成的这个事，要推迟到周五了。延迟的原因是……您看我可以约您周五的时间，给您汇报一下吗**？”别让他在周四白白等一天。

放心，只要你能管理对方的预期，预判失误就不是问题。这个通过信息增量来争夺注意力的汇报方法，你学会了吗？

我的汇报方案总是被推翻，怎么办？

下面要说的情况比领导不听汇报更棘手，就是任务明明是这么布置下来的，但到汇报的时候，领导却说“方向完全错了”。

听到这句话，那可真是又急又怕。别人汇报方案一次能过，但到了我这儿就总是被推翻。而且这个项目我已经加班加点干了半个月了，这一推翻，那么多天的活白干了，工作进度也延误了。

这个时候，最糟糕的处理方式就是继续“憋大招”——汇报通不过，一定是我做得不够用心，准备的材料还不够多——那就再闷头干它半个月，打磨得更充分一点再汇报。

如果你也有类似的想法，那我想先提醒你：这可不是埋头苦干的事儿，一个人的方案不止一次被全盘推翻，问题很有可能出在了工作习惯上。

我建议你使用下面这种叫作预演法的汇报方法，借此养成边确认、边汇报、边干活、边优化的工作习惯，避免自己做无用功。

假设领导让你写一篇发言稿，那么你在汇报进度时，通常有两种方式：第一种，字斟句酌，用几百字写一个完美的开头；第二种，同样是几百字的篇幅，但稿件的框架已经被拉出来了，各部分的要点也都码放整齐了。

这样一对比，就能分出孰优孰劣。第一种，也就是拿一个开头去汇报，你得到的回复大概率是“只有开头，叫我看啥？”你再吭哧吭哧往下写，把完整的讲稿拿给领导一看——思路不对，重写。

第二种呢？别看这个框架还很粗糙，逻辑可能也不自洽，但只要有它在，你的汇报就是有效的。因为靠谱的领导只看框架就知道你的思路大致是什么样。

没错，预演法的第一步“打样”，意思是你不必等到有一个完美的工作成果以后才拿给领导，在大多数情况下，有样本就可以汇报。至于第二步“请教”，你可以这样说：“**领导，您昨天布置的这个任务，我先拉了一个很粗糙的框架出来。您别笑话，我主要是有几个点把握不好，分别是一……二……您能不能给我指点指点，我看看怎么继续往下推进。**”

你不仅很快拿出了一个样本，还能带着它向领导请教，请他把握方向。那么等到正式汇报的时候，你的方案被从头推翻的可能性就会小很多。

我们再来过一遍预演法的步骤。假设领导让你牵头筹备用户见面活动，像这样的活动线头很多，组织起来也很复杂，应该怎么汇报？

按前面说的，你不需要憋出一个完备的活动方案来，而是要带着每个阶段的成果去找领导，告诉他你打算怎么干，请他帮你把关。

第一阶段是你接过任务之后，那就先跟领导对一对目标：“**领导，我捋了一下，这次活动咱是不是有一……二……三……这几个目标？这些目标里面，您觉得优先确保哪个呀？**”根据对方的回复，你在动手之前就会知道这个任务指向的结果是什么，工作马上就有优先级了。

第二阶段，你要带着这场活动大致的策划思路，再找领导碰一碰：“**上次您定了这场活动的优先级，我回去认真调研了一下，觉得如果围绕这个优先级的话，我们没有必要花那么多预算；只要在场地和嘉宾接待方面做出一些亮点就可以，像这样……您给我指点指点，有没有顾此失彼？**”

这又是一次打样加请教。不管对方同不同意你的思路，都会提一些意见：“嗯，这几个点抓得不错，是这么个意思”或者“我觉得场地不合适，应该这么调才更符合预算……”

目标有了，活动亮点和预算也确认了，那咱就可以把完整的策划方案写出来，正式向领导汇报一次：“**基于之前跟您的请教，我们拿出了一个详细的策划方案，想请您再看一看。**”

领导手上的这个方案，目标是他定的，亮点也是他圈过的，只要没跑偏，那他提的肯定是像“怎么能做得更好，怎么能抓得更细，怎么能防控风险”这样的补充性意见。你再往下执行的时候，是不是就变得容易多了？

虽然方案在上一个阶段已经确认过了，但你的汇报还可以继续。比如，所有跟视觉有关的东西是不是可以快速出一组效果图，让对方预演结果：“**领导，活动现场的布置大概长这样，您看符合您的要求吗**？”

当你带着这几个不同阶段的成果向领导汇报时，每个阶段你都掌握了更多的信息，也跟领导形成了更多的共识。

【练习】
工作进展不顺利，要不要汇报？

▼

工作进度正常时，你用预演法跟领导汇报了阶段性成果、取得了共识；而当工作进展得并不那么顺利时，这个方法同样可以帮到你。

来看一道练习题：你们部门约了总经理下周一开复盘会，但到周四下班的时候，你的复盘文档才完成三分之一，周五没法跟部门领导讨论，下周一开会也用不上，要耽误大事儿了。

但眼下你可能有点纠结，要不要跟领导同步这个情况：我要是说了，会不会显得我不会干活，被领导质疑我的能力；不说的话，是不是还有可能最后靠运气逆风翻盘，就不用挨这顿批了？

但问题是，躲一次还能靠运气，可下一次呢？该怎么办？所以，千万不要抱这种不切实际的幻想，咱试着用预演法来向领导汇报，把这个错误的负面影响降到最低。

还是先打样，再请教，你可以这样说：“领导，关于下周一开会要用的文档，有一个风险要向您汇报。我错误地估计了复盘各项工作的难度，因为有一些工种我并不熟悉。到目前为止，我只写了三分之一，很难按进度完成了。我准备了一个方案：先把最重要的核心的数据分析做好，把整体的框架搭好。明天约您的时间，请您给我提提意见。周六我一定把它赶出来，周六晚上给到您。您看这个补救方案行不行？”

在项目进展不顺利时，你还是选择跟领导同步潜在的风险，这其实是一个员工有担当、不怕事儿的表现。领导虽然生气，但不会给你扣很多分，因为你在提示风险的同时，也给了他去防控风险的机会，不至于酿成大祸。

干得不错，怎么汇报能让领导记住我？

接下来我们还要提出一个更高的要求：怎么通过汇报，让领导记住我的工作成果。

我知道很多老实人、“老黄牛”都有这样的困扰：平常很辛苦，干得也不错，但领导就是看不见。比如，你们团队最近有一场直播特别成功，领导也很开心，猛夸主播真专业。而你作为直播运营，听到领导夸主播，心里就有点儿郁闷——为什么领导只看到了主播的功劳，就是注意不到我做的幕后工作呢？我前期宣传做得好，直播间人多了，主播才能发挥好呀。

你鼓起勇气跟对方提了一嘴，“其实这次前期宣传工作也做得挺不错的”。但他通常只是敷衍一句，“是挺不错的”。你的进步还是没有被看到，甚至在对方眼中，你还有邀功的嫌疑。

那该怎么办？我建议你换一种方式来汇报：“**领导，谢谢您对我们大家伙儿的鼓励。正好，借这个机会，针对这次直播主要的变化和进步，我们总结了一些经验教训跟您简单汇报一下。**”

你这么说，对方一下子就打起精神来了——变化和进步在哪里呢？那你就可以从专业视角来分析直播运营发挥的作用，比如：“**之前我们一场直播也就几百人，今天我们的在线人数很高，一直稳定在 1000 人左右。我们分析了一下，发现可能是因为这个变化，我们把这次预热海报上的二维码放大了，同时突出了玩法，扫码进直播间有礼物。下次直播我们是不是重复这个做法，看它是不是真的有效？**”

你一边说着，一边就可以把这次直播的预热海报和之前的并排展示出来。不对比不知道，一对比才发现：原来这次成功的背后你花了这么多心思，了不起！

这个汇报的关键是使用对比法。要想用好它，一共就三句话：找参考、说经验、问看法。

找参考说的是，你在汇报工作时一定要提供一个参照物：“**我发现这次工作的结果和上一次相比有哪些不一样**……”有这样的对照，他才能知道你真的进步了。否则领导都是“贪心”的，你做得再好，他也觉得你可以更好。

请注意，找参照物不求多。多了不但难说清楚因果关系，还可能因为涉及多个同事的工作，你在其中扮演的角色领导记不住。所以，讲一两个显著的变化就可以，领导自然会看到你付出的努力。

但付出并不能自动证明你的工作价值，所以，马上补充第二句话，**“这次数据有增长，我通过分析，发现关键是因为我们做了一件 ×× 事”**。

说经验的时候，你应该落到某个具体的动作上。可以比较一下下面几种说法的差别在哪里：“我们这次放大了二维码”“我们这次提前两天发了直播预告”符合这个汇报方法的要求；而“我们这次准备更充分了”“我们这次投入度更高了”这样的表达方式就不符合。

动作是可以被复制和推广的，但“我好，所以结果好”不可以。在这个意义上，你说具体动作，就是在给团队总结成功经验，同样也为领导创造了价值。

当然，说完经验咱得谦虚谨慎，总不能跑到领导这儿来“嘚瑟”，“嘚瑟”完就跑了。向对方要个反馈是很有必要的：**“接下来我们还想试试做……您看行不行？”**或者更谦虚一点：**“领导，这当然只是我的一个分析，不见得完全准确，请您指导指导。”**

一旦领导开始发表意见，你总结的就不是你个人的经验了，而是你和领导共创的成果。把成果记下来，下次再用它来工作，那么当你干出一些成绩的时候，不光你自己骄傲，参与共创的领导也骄傲。

到这里你可能已经发现了，对比法的三句话本身不难，难点在于你工作中到底有没有变化和进步，你能不能真正把它们找准。为了解决这个问题，我为你准备好了工具，叫作“多快好省”经验排查表。具体到下面的练习题里看看。

【练习】
怎么找到值得汇报的工作亮点？

▼

工作亮点怎么找？我在排查表（表 6-2）里列举出来了，无非是从“多快好省”四个维度找。

多，就是有明显的增量，钱赚得更多了，触达人数更多了，都算；快，就是效率比以前更高了；好，就是得到了原先没有的好评；省，就是节省下来了更多的成本。

这么看它们都还是直眉瞪眼的，咱实际演练一下：你参与的某个大型活动办得挺不错，领导表示很满意；但你在其中的贡献领导并不知道，那你在汇报工作时要怎么说呢？

从“多快好省”中的“多”开始总结你的经验吧，你可以这么说：“领导，之前我们举办大型活动的出席率在 30% 左右，但这次达到了 70%，高了不止一倍。我想这和我们做了这几件事情有关……”

再说“快”，也就是速度、效率方面正向的变化：“这次活动除了出席率不错，我们的筹备效率也比上一次高了不少。上次举办同类型规格的大型活动，我们花了一周多的时间，这次我们仅用三天就把所有的事都筹备完了。我想是因为我们提前做了这些准备……”

还有“好”，这个时候你就可以把收集到的好评跟领导提一提了：“活动散场之后，我听到 ×× 嘉宾夸咱们呢。他说这一次我们的活动在 ×× 方面做得特别好，以前我们从来没有在这方面收到过好评。我想这是因为我们这次做

表6-2 “多快好省”经验排查表

多 (数据方面)	这一次的数据相较上一次,多出了__________。
快 (速度方面)	这一次项目的完成进度相较上一次同类项目的完成进度,快了________。
好 (反馈方面)	用户对这次活动的评价__________,是之前的活动所没有的。
省 (成本方面)	相同的效果,这一次花的费用比上一次节省了__________。

了这几件事……”

最后说说“省”，如果你在成本控制方面做得特别好，就像这样说：“领导，这次活动前前后后的费用是××。这次虽然规格减了一点，但是咱们的成本比之前省了一大半。我分析了一下，应该跟下面这三项调整有关……”

你看，从“多快好省”这四个维度一排查，你的经验总结不就都出来了吗？下一次你感觉自己有进步，但又说不出到底哪里做得好的时候，就从这几个维度来准备汇报。再也不用担心自己干得好，领导却看不到了。

✦ 花姐给你划重点 ✦

我们集中火力，讲了一系列汇报的方法，希望能帮你把这个老大难问题彻底解决掉。

到这里，我再给你划个重点：不管你用哪种汇报方法，关键都是第一时间。

工作做得不错，怎么汇报能让领导记住？你要第一时间找到这次工作的变化和进步，为团队总结经验。那么即使不邀功，领导也会注意到你的功劳。这是对比法。

万一工作中出了点状况，那更要在第一时间向领导预警风险，主动承担你的责任，带着你的解决方案向领导请教，让他对风险有预判。这是预演法。

即便工作进度正常，第一时间汇报也很有必要——如果你能按先说挑战，再讲有益尝试，最后对齐行动的顺序告诉领导，“一切都在进度条上”，那他就能对你的工作做到心中有数。这是信息增量法。

把这些方法第一时间用到工作中吧，让所有人都看到一个“干得漂亮，更能表达得漂亮”的你。

我的行动方案

学而时习之，请在这里记录你的思考和改变

我决定做出一个改变：

我用新方法解决了一个问题：

我的感受：

WELL DONE!

第7关

催办

怎么催办，避免因别人拖延而耽误进度

✦ 关 卡 ✦

我很着急，对方却在忙别的，
怎么办？

我很着急，对方却做不出来，
怎么办？

对方做了，但不符合要求，
怎么办？

✦ 道 具 ✦

包装法 | 助推法 | 重启法

在职场上，我们有大量的工作要跟别人配合协作。如果前一道工序的同事拖延了，你负责的后一道工序就没法开工，当然也很难按时交付结果。

面对这种情况，我发现，会催办和不会催办的员工之间有一道巨大的分水岭——

前者一出马，别人就愿意配合；哪怕事发突然，也愿意给他紧紧手、加加急。后者呢？就算他打出提前量，三番五次提醒，对方还是一拖再拖。更要命的是，要是被催烦了，对方一个不乐意，直接撂挑子说不干，还把人给得罪了。

你想想自己的经历，再看看身旁，是不是就有这两种截然不同的情况？你是不是也想知道，那些会催办的人到底做对了什么呢？

下面我们一起来看看，怎么催办可以避免因别人的拖延耽误自己的进度。

1

我很着急，对方却在忙别的，怎么办？

你很着急，对方却在忙别的——这样的例子在职场俯拾皆是，随手就能捡起一则——你为了按时给客户打款，早早地把合同提交给了财务部门，结果三天过去了，流程还是没审批完，款还是没打。

遇到类似的情况，很多人会冲过去责问道："合同批了没有？还要多久？客户可着急了！"

有用吗？当然没用。对于财务部门来说，像这样的催办每天都有十几次，公司规模大一点的话甚至会有成百上千次。业务条线上的每个人都很着急，都希望自己的事能被优先处理，财务同事怎么可能因为你喊了一句"我着急，你快点"，就放下别的活儿，先办你的事呢？

不妨先看看有效果的催办长什么样："**王姐，我想问问给××公司的付款申请现在进行到哪个阶段了？这位客户特别较真，签完合同一天拿不到钱就一天不踏实，天天问我什么时候款能到。要是您今天能帮我把付款流程走完，那可真是帮我大忙了。或者实在不方便，您能不能告诉我一个大概的时间，我再去和客户沟通。知道什么时间能拿到这笔钱，客户心里就踏实了。**"

这样催，是不是催？当然是。但对方听着是不是舒服多了？要是真能加快，她肯定就帮你了；但要是快不了，她至少也会给你一个相对靠谱的时间，而不是一拖再拖。无论你的情况属于哪一种，这个进度都没有耽误在莫名其妙的流程上。

稍作对比你就会发现，第一种说法“我很着急，你得快点”其实没什么逻辑。你的事你着急，凭什么要我也快点？一旦你亮出这种置身事外的态度，让对方觉得你对他没有任何理解和谅解，那他说什么也不会帮你了。

第二种说法就很不一样，因为它字里行间都在告诉对方：虽然什么时候打款不是我能决定的，但跟客户沟通的责任在我。我继续跟他聊着，请他再给我们一些时间；你能不能也在你的能力范围之内告诉我一个交付结果的时间？

这样沟通，对方就没什么心理压力，“不就是帮个小忙吗？帮！”原本让你很焦虑的工作进度也会因此推进一步。

这里就要说到催办的第一个方法了——包装法。把你的要求包装成一个求助，只要对方愿意帮你这一点小忙，你们双方就都能得到一些工作上的好处。这样催进度，成功的概率会比直接提要求高得多。

不要看到“包装”二字，就觉得是要你巧言令色。其实，你只要把三个关键词植入催办里就可以了，分别是目标、好处和行动。

首先，有目标感的沟通方式是就事论事，不掺杂任何情绪化表达：“**我想问一下，这件事进行到什么阶段了？我关心这个是因为咱们要解决……问题。**”

你要问的是“到什么阶段了”，而不是“好了没”；你要表达的是“我关心”，而不是“我着急”。这就避免了用自己的负面情绪向对方施加压力。

对方听懂目标以后，咱得把第二个关键词“好处”点出来，让他知道，帮你解决这个问题对他来说同样是有价值的：“**别的步骤我们都做完了，就差这临门一脚了。只要您帮我们这个忙，就能**……”

什么是好处？客户会感谢他，领导会认可他，大家能看到他的实力，部门的指标能早点达成，甚至再朴素不过的“忙完这件事，咱们都能早点下班”，都是好处。如果对方意识到帮你就是在帮团队，也是在帮他自己，咱推动进度的可能性是不是大大提高了？

写到这里，我想和你分享一个销售大拿的经验。在我看来，他把“好处”这个关键词的效果发挥到了极致。

我们知道，销售想干得好，光靠自己在前方打仗不够，还要仰仗团队在后方的支持。否则，好不容易谈下一个客户，财务部拖几天、法务部拖几天、市场部再拖几天，客户就给拖没了。

而这名销售有一个工作习惯：他每次去外地出差拜访客户，都会买一些当地的特产，然后背回来送给公司支持部门的同事们。这些特产肯定不是什么贵重的东西，贵重就犯错误了。送特产本身没什么，重要的是他对支持部门同事说的那番话：“我刚从浙江回来，见了 ×× 客户，带了一些他推荐的芡实糕，是他们当地的特产，快尝尝。这次我们跟这个客户的合作特别顺利，多亏有你们神助攻。”

你想，支持部门的工作很少与客户直接接触，公司签下新客户时，大家看到的也是冲在前面的销售，支持部门在销售身后打的配合很少被提及。而这个销售大拿这么说，就是在告诉支持部门：他跟外部客户能有好的互动，离不开内部团队的支持。这次签下大单，功劳簿上必须有支持部门。

所以，“好处”是什么形式不重要，重要的是让对方感受到帮你是有价值的。未来这名销售遇到什么突发情况，需要支持部门的同事帮忙赶进度时，他的催办就不是冷启动了。

到这里你可能觉得，该说的都已经说了，气氛也烘托到位了，应该没问题了吧？但从对方的角度看，你还没说到底要他干什么呢。所以最后一定要跟上一句：“**您只需要帮我这么做**……**就可以了，谢谢您。**”

这是包装法的第三个关键词“行动”。至于怎么说这个行动，我认为它应该越小越好，小到对方可以毫不犹豫地去做。原因我们在“争取资源”那一关讲过了：事儿越小，对方启动的心理成本就越低。

你可以比较一下大行动和小行动之间的区别——大行动是请对方帮你改一篇你写的文章，小行动则是请对方提供他之前写过的类似主题的文章，让你借鉴他的模板和结构。前者一看就是很难催办的任务，改成什么样、按什么标准改，都是未知数。相比之下，后者就简单得多，因为对方只要在微信上把文章发你就可以了，你催办起来也没什么难度。

总结一下，用包装法催办，就是让对方看到做这件事显而易见的价值，让他愿意配合你往前赶进度。用一则公式表示，就是：包装法 = 明确目标 + 亮明好处 + 要求行动。你可以参考表 7-1 里对应的话术，把轻重缓急表达清楚，避免用自己的情绪向对方施压。

但我知道，很多时候你不是故意向同事施加压力的，你只是太着急了，一下没忍住说了负面的话。所以，我把催办时会让人感到不舒服的表达方式也列出来了，供你参考：

· 边界不清：比如“领导催我催得很急，你得帮我一下”。

表7-1 催办模板

目标	这件事进行到什么阶段了? 我关心是因为__________________。
好处	**解决问题:** 这步做完，就可以解决__________问题。 **向前一步:** 这步做完，就能推进下一步_____工作了。 **达成指标:** 这步做完，我们就能达成________指标。 **工作闭环:** 这步做完，咱们的任务就完成了。
行动	您只需要帮我做__________就可以了，感谢。

· 推卸责任：比如“这件事只有你能做，所以你必须做”。

· 大事小说：比如“这件事很简单，你现在开始弄，马上能弄完”。

· 随意派活：比如“现在有个 ×× 事儿，你要 ×× 时间交给我”。

· 夸大后果：比如“要是这个问题没解决，我们都得完蛋”。

在找同事之前，你可以先把这张“负面清单”拿出来看一下，提醒自己不要这么说，避免在误伤他人的同时，也影响自己的进度。

【练习】关键人迟迟不做决策，怎么办？

现在我们来看一种更有挑战性的情况：如果导致进度延误的不是上下游同事，而是领导，该怎么催办？

设想一下：你作为 IT 支持组的同事，要推动新的办公系统在公司落地。在这个过程中，只有各部门负责人确认新系统功能无误才能进行迁移。目前除了业务部的王总，其他部门负责人都已经完成确认。催了王总很多次，眼看原定的确认截止时间马上要到了，他还是没有给你反馈……

说实话，碰到这种情况是最难受的——你作为执行者，把自己能做的工作都做了，但关键决策人不拍板，导致整体的项目进度受影响。你充满了无力感，甚至还有一种被陷害的感觉。

但我们不妨跳出来再看一下：对方迟迟不做决策，很可能是他有什么顾虑没告诉你。我马上想到的一种可能性是这个决策比较复杂，他还没考虑清楚要不要接受。这时候你去“围追堵截”，效果肯定不好；因为哪怕对方被你抓到了，也只会回你一句：“这事记着呢，我再考虑考虑。”

所以，为了让你的催办对上级真的有效果，我要给你一个叫作“决策成本检查清单”的工具（表 7-2）。

你会看到，一个决策者考虑的维度和我们很不一样——我们作为执行者关心进度，但在他们头脑里的却是时间成本、沟通成本、精力成本，等等。手握这张清单，你就可以从对方的角度思考，导致他没有及时反馈的因素都有哪些。

比如，他可能担心会产生时间成本。换新系统意味着大家要重新适应操作流程，本来只要十分钟的操作，现在可能得花半小时来学习。再比如，他可能担心会产生沟通成本。如果要换新系统，他就得跟下面七八个业务组同步，每个业务组还会提出自己的想法，沟通起来费时费力。还比如，他可能担心会产生精力成本。最近下属都在忙大促活动，工作量本来就饱和了，额外学习新系统的操作会耽误工作进度。

你不必给自己提过于苛刻的要求：我要跟决策者想得一模一样，我要找到问题到底出在哪儿……结合清单，思考对方做决策的几个不同维度，然后有针对性地准备解决方案就可以了。

当你带着方案和决策者沟通时，包装法就派上用场了——你可以把目标、好处和行动挨个儿拿出来说说：“王总，这次

表7-2 决策成本检查清单

时间成本	做这件事，对方需要花费的最多时间和最少时间分别是多少？
沟通成本	做这件事，对方需要跟哪些人达成共识？
精力成本	做这件事，对方需要额外付出多少精力？
切换成本	做这件事，对方需要配合你做切换，这会带来多大的损失或者成本？
协调成本	做这件事，对方需要协调多少关系，协调这些关系的复杂性如何？
人情成本	做这件事，对方是否会搭上自己的信用，并且欠下人情？
机会成本	做这件事，对方要放弃哪些可能带来更高收益的机会？

咱们换新系统，在审批流程会有一些调整。关于这一点，我们提前准备了方案，后续我们会组织一次培训，帮助咱们业务部门的伙伴快速熟悉系统，减少因为不熟悉系统而产生的延迟。在新系统投入使用的第一个月，我们也会密切关注大家的使用情况。您觉得这么推进合适吗？希望您能给我们提提意见，让我们的系统能更好地服务大家。”

对方一听，你不是单纯来催进度的，也考虑了业务部门真实的需求，那你们双方就从对立面站到了同一条战线。等他提完建议，你还可以马上回应：“您刚才提到的这一点很重要，我研究一下具体的解决方案，明天下午来和您汇报。”

而当你再次发起沟通时，情况就变得不一样了——因为你是来解决他遇到的真实问题的，这个时候，你再跟对方说确认新系统功能的事儿，他大概率会因为看好你的行动力，同意签署确认文件。

2

我很着急，对方却做不出来，怎么办？

现在来看另一类催办难题：你向设计师提出需求，要一套完整的活动海报。设计师的工作量很大，忙活了老半天还是没搞定，而你又等着拿这套海报去布置活动现场。留给设计师的时间不多了，你要怎么推进呢？

一种常见的做法是每隔一段时间就给设计师发条消息：“好了没有？”“为什么还没好？”“什么时候能好？”拜托，设计师又不是在偷懒。你越催，对方心越急，最后被你逼得双手一摊说“反正我就是做不出来”，那可怎么办？

为了避免出现这种情况，我建议你这样发起沟通：“**这次工作量确实挺大的，完全理解。不过，明天下午我们就要拿这套海报去做宣传了，时间真的很紧张。你看这样好不好？你给我一个模板，我替你做些前序工作。虽然我不专业，但是把文字敲进海报里这样的活儿我肯定能干，到时候你再统一调整。这样会不会快一点？**”

你不是来监督工作的，你是来给他帮忙的；你们的关系发生了改变——这就是两种说法的区别。

你心里可能还有顾虑：我纯粹是外行，能帮他什么忙呢？但你要知道的一个事实是：人们在职场上接收到的绝大部分都是负面压力。你没有给对方压力，相反，你表达出理解他的难处、关心他的状态、愿意给他帮忙的这层意思——你在他眼中就跟其他人不一样了。对方觉得你是个友好，同时也很仗义的人，当然会有意愿帮你赶赶进度。他的心态变了，解决问题的办法就多了。

—

这就是助推法——在对方做不出来的时候，把你自己的劲头附上去，让他有心力朝着完成任务的方向继续前行。具体表达的时候，你要说出三层意思，分别为理解、选择和表态。

第一层意思是表达对他人处境的关心和关注：“**我知道这个活儿干起来确实不容易。**”用这样一句话，让对方感到自己的处境被理解了，你们之间的关系就不再是剑拔弩张的。

第二层意思是你要想想在力所能及的范围内怎么做能帮到他，给他提供一些选项：“**时间确实很紧张，我可以帮你做 ×× 或者 ××，你看需要吗？**”

第三层意思是你在结束沟通前要提出来的：“**如果有我能帮上忙的地方，你一定要告诉我。哪怕让我帮你买个盒饭也行，至少可以帮你省点心。**”做一个表态，让对方实实在在地接收到你的善意。

作为外行，你在催办时肯定会遇到一个难点，就是对方不知道你能帮他什么忙。所以你要主动把最后这层意思表达出来，让他知道你愿意和他一起并肩作战。

我为你准备了一张“外行帮忙清单”，有你在表态时能为对方提供帮助的几个方向：

- 接手：比如“哪些步骤是机械重复的，我来做”。
- 跑动：比如“你还要找谁了解情况，我替你去问”。
- 讨论：比如“哪里不清楚，我们先沟通一下”。
- 参考：比如“我先找找相关资料，生成一个 Demo（样本）”。
- 陪伴：比如“我就在旁边干活，有什么事你喊我”“你要吃什么喝什么，我帮你去买”。

有需要的话，你可以把这张清单拿出来，看看哪几个方向是自己马上能做的。在对方看来，你不仅没用催办消息狂轰滥炸他，还主动表态说有困难随时商量，那他就放心了，也能把精力放到任务上去了——这不正是你想要的吗？

最后，关于如何用好助推法，我还有两则小提醒，就是要“当面说”和“马上做”。

要当面说的理由很简单，那么着急的事儿，如果只是在线上发条消息，对方看到会觉得“你也没什么诚意”。甚至他可能正忙着，没看到你的消息，那你就错过了助推一把的黄金时机。所以，站起来，走到对方工位旁边，当面谈。让对方看到你的表情、肢体语言，更让他看到你的诚意。

同样地，在对方需要你做点什么的时候马上去做，让他知道你给他的从来不是空头承诺——这也是你展示诚意、完成助推的方法。

【练习】
我要对接的人很多，怎么避免他们做不出来的情况？

▼

前面我们看的都是一对一催进度的情况。但当你牵头一个项目，要跟很多来自不同团队的同事对接时，催办难度一下子升级了——你们不在同一个团队，你对这些同事负责的工作本来就不熟悉；要是他们遇到什么突发状况导致进度延误，你作为项目牵头人就会非常被动。

怎么办？我认为应该在问题暴露出来之前解决它们。

什么意思？就是你要经常发起一些非正式沟通，对这些同事所在的团队最近在忙什么，对哪些变量会影响项目进度做到心中有数、高度关注。

平常路过他们部门，在电梯间碰到他们，或者在食堂跟他们一块儿吃饭的时候，你都可以提一嘴：“这两天怎么样，忙吗？你们部门有没有接到什么新任务？”

如果对方告诉你：“最近特别忙，有个客户临时加需求，需要我们支援。”那你心里就应该警铃大作，赶紧关注一下你负责的项目进度有没有被耽误。

你可以试着用前面说的助推法来沟通——

“那肯定很辛苦吧。”这是向对方表达理解。

“咱们那个项目的进度会有影响吗？有影响没关系，你赶紧说，我跟你一起协调。”这是在为他提供选项。选项有很多种，比如“我们之前跟这个客户对接过，他对细节要求特别高，经常会给我们挑刺。我们研究了他的几个设计偏好，你看看对你有帮助吗”就算一种。

请注意，就算对方大包大揽，表示“没问题，还能撑”，你也不能全信，因为他有可能是过度自信。所以接下来你要告诉他：“没事的，兄弟不用自己扛。下周二的例会上，我们可以讨论一下这个情况，看看人手、时间方面能不能调整。总之都是公司的事，我全力支持你的工作。”这就是你做的表态。

作为项目牵头人，如果你能给予项目成员情感上的支持，替他考虑问题的解法，甚至主动表态愿意支持他在项目外的工作，他对你的事情也会更上心的。就算他现在分身乏术，未来等他的时间精力回到你的项目上时，肯定能做到全力以赴。

表 7-3 是我自己用来跟公司各个业务的负责人沟通的工具，推荐你在自己的记事本里照着样子画一个。每周结束的时候，你都可以回到这张表上，看看自己跟那些来自不同团队的对接人是否产生过至少一次非正式对话，是否了解他们在工作中遇到的难处。花几分钟复盘一下，项目进度拖延的情况大概率不会发生在你身上。

表7-3　关键对接人沟通表

对接人	本周 是否沟通	进度是否 需要预警	备注
	是□　否□	是□　否□	
	是□　否□	是□　否□	
	是□　否□	是□　否□	
	是□　否□	是□　否□	
	是□　否□	是□　否□	

3

对方做了，但不符合要求，怎么办？

至此，还有一种棘手的情况等着我们解决，一起来看看。

你正在整理小组的工作文档，发现有个同事写的部分并不符合你们原定的要求。虽然他按时交了，但因为要打回去重做，所以还是会影响你的进度。

遇到“对方做了，但不符合要求”的情况，你一着急可能就会脱口而出：“不是跟你说了吗？这么写是不行的。你写成这样，我怎么跟领导交代啊？赶紧再去改改。”

同事听罢可能就炸了：“为什么不行？你要的材料我都交齐了，到底想怎样？！”

这是你在催办时经常会看到的一幕：你一着急，对方就表现得比你更着急。所以，你最好换种方式跟他沟通：“**抱歉，肯定是我没说清楚。这份报告不是用来汇报的，而是作为资料用来存档的。咱们经理对这些历史资料的存档有几个要求，分别是……你看看有没有时间，咱们现在可以讨论一下，怎么调整能让这份资料往他说的那几个要求上靠靠？**”

这样说，对方在情感上是不是更容易接受？因为他作为被安排任务、被催促进度的一方，发现问题居然有了讨论空间——这种被别人尊重的感觉，是不是还挺不错的？

—

你一定要意识到，对方交付的结果之所以不符合你的要求，是因为你们对这个任务的理解从一开始就有偏差。这时，着急往下赶肯定不是好主意；你应该回到最初布置任务的阶段，把偏差在哪儿找出来，跟他重新把信息对齐。

这就是重启法。要想用好它，还得靠三句话：揽责任、说标准、对计划。

第一句话，先把事情没做对的责任揽到自己身上，就像前面示例里说的那样：“**抱歉，出现这个问题肯定是我一开始没说清楚。**”

责任是你背还是对方背其实没那么重要，现在还不到复盘谁对谁错的时候呢，进度更重要。况且，你通过揽责任，帮对方释放掉焦虑情绪，这样不仅可以避免对方“炸毛”，在办公室里跟你吵起来，也更利于你往下推动任务进度。

当然，第一句话里的“我没说清楚”并不代表“我说错了”，而是“我没让你理解这个任务到底要干啥”。所以，你要在第二句话里把标准、要求、规范重申一遍：“**其实这件事是为了实现××目标，因此它有几个标准，分别是**……**我们设定这几个标准的原因是**……”

很多时候对方不是不知道你的那些要求，他只是不理解为什么要这么干，所以干得不明不白的，产生了逆反心理。如果你可以在帮对方捋标准的时候，把设定这些标准的原因一块儿告诉他，他对任务的理解就会马上变得不一样。

举个例子：“这次我要的这个视频，它的长度要求是一分钟以内，不要长。”听到这个要求的人会干活吗？好像会，好像又不会——我拍成一分半钟为啥就不行了？

你要预想到对方的心理活动，像这样告诉他：“**这次我们需要一个时长一分钟的视频，因为我们要在年会开场时播放它。时间一长，大家的注意力就抓不住了，年会后面的进度也会耽误。所以，**

只有一分钟，我们要可丁可卯地剪一分钟。”

听到这番话，对方的注意力就会一下子被调动起来——确实，作为年会整体流程的一部分，长了耽误后面的进度，我一定要把控好——这也是让对方发挥更多自主性的一种沟通方式。

责任揽了，标准也说了，你还差最后，也是最关键的一步——对计划。你可以像这样说：“**我考虑得可能不是很全面，所以我想听听你的想法。咱们一块儿定下来，为了赶上这个进度，接下来该怎么做。**”

没到对计划这一步，你就不能“假装”你们已经沟通了。但凡出现“你说了，对方听不懂”或者“对方听懂了，但做不到”的情况，你们的沟通就是无效的。所以，把你们当场说的话落实成接下来要干的事儿，将所有可能的“遗留问题”“未尽事宜”扼杀在摇篮里，这是你在最后要做的。

我个人认为，在重启法的三句话里，最难的是第二句话“说标准”。

因为在绝大多数情况下，我们只知道任务是什么，至于为什么要做，怎么做算做好了，我们可能从来没有深想过。为此，我专门准备了一个思考工具（表 7-4）。你在跟别人沟通之前，可以先把这张表填一遍，让自己对任务的目标和标准做到心中有数。

这样，遇到对方做了但不符合要求，需要返工的情况，你就可以把标准跟他重申清楚；事后再把表格发邮件给他备忘，后续要催进度的时候也好办了。

当然，你最应该注意的一点是，没有人喜欢一而再，再而三地被“重新启动”。一个懂沟通、会催办的职场人会在刚开始对接时就把对方的感受管理好，不让对方抱怨“我明明已经干了好多遍

表7-4 工作对接检查清单

我接到的任务是什么， 这个任务要解决什么问题？	
对方需要配合完成任务的哪个部分， 这部分工作的硬性要求是什么？	
对方需要做的第一步是什么， 需要注意什么？	
完成第一步以后，对方需要做什么， 需要注意什么？	
对方交付工作成果时， 需要从哪些方面进行核查？	
……	

了，你才跟我说清楚到底该怎么干”。

所以，咱也争取一次把标准对清楚、让事儿能一次做对。不到万不得已，不拿这个方法来重启。

✦ 花姐给你划重点 ✦

我在讲催办的三块内容时反复提到了一个词儿，那就是“尊重”。

说到底，不会催办的人就是把同事当成“工具人”。自己一着急就“叮叮叮”摇铃提醒对方，越着急，叮叮声越大，同事就越唯恐避之不及。

而那些会催办的人从来不会把同事当工具。他们愿意体察对方的难处，帮对方扫清各种障碍，把人还原成人——

同事手头事儿多的时候，用包装法，让他看到优先帮你的好处，扫清感受上的障碍。

同事没法按时交付的时候，用助推法，尽自己所能帮他扫清行动上的障碍。

同事做了，但没达到标准的时候，用重启法，扫清彼此之间在处理信息上的障碍。

在尊重对方的大前提下，让障碍变少，让感受变好，还有什么进度是你催不动的呢？

我的行动方案

学而时习之，请在这里记录你的思考和改变

我决定做出一个改变：

我用新方法解决了一个问题：

我的感受：

WELL DONE!

第8关

主动防守

怎么和自己不喜欢的人共事

✦ 关 卡 ✦

同事跟我闹别扭，影响了工作，
怎么办？

同事推卸责任，
怎么应对才能维护自己的利益？

同事不肯好好配合工作，
怎么办？

✦ 道 具 ✦

重建关系法 | 公示法 | 划定边界法

说到“不喜欢的同事”，嘿嘿，你脑海里是不是马上闪过了几个人的名字？

在职场上，我们每天要和形形色色的人打交道，难免会跟那么几个人不合拍，甚至有过节。这看起来是怎么处理人际关系的问题，其实它也从侧面反映了一名职场人的工作能力。

对于这一点，你可能要提反对意见了：同事天天给我添堵、跟我闹别扭，我不喜欢他、不愿意跟他合作，这不是人之常情吗？为什么会被定性为工作能力有问题呢？

因为你的上级和你所在的组织关心的不是同事喜不喜欢你、你喜不喜欢同事、你们的关系好不好之类的问题，他们看的是你擅不擅长与别人合作，特别是你跟别人有矛盾冲突的时候，能不能做到不躲、不怂，卓有成效地解决问题。

你看，这就涉及工作能力的修炼了，这项能力叫作“哪怕我和这个同事私人关系处得不好，我也能理性地跟他一起完成任务”。事实上，只要掌握正确的工作方式，你不用强迫自己去迎合讨厌的人，也能把活干好，还能让所有旁观的同事觉得“你跟任何人都能合作，厉害厉害”。

到底该怎么和自己不喜欢的人共事呢？下面我们就来解一解这道题。当然，我知道无论我说什么，你可能还是很难克服心理上的那份难受和别扭。没关系，我只是希望下次你再遇到这种情况时，可以提醒自己：先别急着下结论，用我给你的方法去试试，看看情况会不会因为你的改变而改变。

同事跟我闹别扭，影响了工作，怎么办？

“我之前跟某同事配合得还行，但这次合作刚开始，他对我好像有意见似的，说话特别冲”“某同事在部门里是出了名的好相处，但这段时间他就是不配合我的工作，我感觉我们之间也没什么矛盾啊”……

上面列举的是我在读者留言里看到的一类共性问题：同事莫名其妙跟我闹别扭，影响了正常的工作进度，该怎么处理？

我先给你梳理一下。同事之间有矛盾，起点往往不是什么你死我活的大事儿，日常工作而已，肯定犯不着。通常是两个人在之前的合作里有误会，没有及时地澄清和解决，从此对方就在你身上贴了一个负面标签（有可能你也给对方贴了）。你想，对方天天看着你的负面标签，当然会有负面情绪，再配合起来，很容易消极怠工，也会产生新的误会。

所以，但凡你发现某个同事突然变脸、不好好配合工作了，就要顺着刚才说的逻辑往回捯；然后你会发现，绝大多数矛盾都是工作中的误会没有及时澄清所导致的。

为了避免出现恶性循环——双方越看越别扭，越不合作就越不愿意合作，所有的沟沟坎坎都变成了强化负面印象的证据——咱要第一时间澄清误会，坦荡地翻篇。这叫重建关系法。

如果你大概知道对方是因为什么别扭，就可以说：“**张老师，上次跟您合作，我觉得我 ×× 地方做得不够好，忽略了您的感受。我后来反思了，特别抱歉。这次无论如何，我得跟您说一声，实在是不好意思。您放心，这次合作不会像上次那样，我一定注意自己的工作方式。**”你这样说，就相当于主动指出了“房间里的大象”；对方大概率不会让你的话掉地上，也不好意思继续跟你明着闹别扭。伸手不打笑脸人嘛。

但如果你思前想后，还是不知道对方在较什么劲，那你还可以换个方式说：“**张老师，上次能跟您打配合，我觉得很好、很踏实。但对于这次新合作，我感觉您的态度好像有所保留。是不是我之前有什么地方没做好，让您产生了误会？您能不能跟我说一说，在接下来的工作中我一定改进。**”

对方心结一时没法解开，其实没关系；只要你抢在前面把这句话说出口，主动递出合作的橄榄枝，那你一方面就有机会澄清之前的误会，不让对方把负面情绪带到新的工作里；另一方面也能证明你自己足够敞亮，愿意团结人。

这是你跟同事重建关系时要做的第一步，理顺前因后果。接下来的步骤——公开工作信息，是为了防止对方嘴上说“行行行，没事没事”，到实际工作中还是别别扭扭的情况。只有公开双方已知的信息——我知道的我也得让对方知道，对方知道的我也应该知道——才能防止误会加深。

毕竟你们之前已经有过误会了，不是吗？

我建议你主动公开的信息主要有四类：

第一类，场合。什么叫公开？私聊不算公开，只有过了明面儿，能让大伙见证的才叫公开。所以，你和对方至少要商定一种交换信息的公开场合。“咱们所有信息都要发到邮件组里面”“工作任务都要在项目管理软件上公示和同步”，都可以。

第二类，标准。既然你的工作需要对方配合，那怎么样算完成配合、做成什么样能合格、衡量工作合格以及完成配合的标准分别是什么，这些都要提前说清楚，也就是把你的工作标准亮出来。

第三类，时间。你什么时候提的需求？中途有没有需要验收的节点？什么时候交付最终成果？……这些时间能锁死的就锁死，能提前公开的就公开，避免互相推诿。

第四类，配合方式。常见的有“我理解你不接受临时的工作安排，有需求我会提前 24 小时向你说明”“咱们有事都在群里说，开会前先给对方发文档”“重要信息用邮件的形式沟通，并抄送相关同事”。

此处有个提醒：当你跟对方一是一、二是二地明确工作方式时，最好这样说：“**张老师，我知道您特别忙，特别怕浪费您的时间。为了让咱们的项目更顺利地推进，也节省您的时间，我想跟您明确一下后续咱们的配合方式。有这么几点……您看还有其他需要补充的吗？**”“**您说的这条我也补充进去了，等会儿我就发个邮件，通知项目组所有的相关同事。您看接下来我们就这样开展工作好不好？**”

还是那句话，事办得硬一点，话不妨说得软一点。当你把工作信息高度公开化以后，双方产生人际误会的可能性就降到了最低；任何一方因为人际上的偏见或是误解而影响工作的可能性也降到了最低。任何含混不清的理由，都不能成为双方推脱合作的借口了。

总结一下，同事跟你闹别扭，不愿意配合工作的时候，你要先理顺前因后果，澄清误会，再主动公开工作信息。这不仅是在表明你对过去的态度，同时也是在亮出未来的合作规则。如果可以完成这两个动作，大多数误会也就解开了。大家都是奔个前程，谁非得跟你过不去呢？

最后再补充一点。上面说的公开工作信息，你跟闹别扭的同事沟通时可以做，平常工作中其实也可以做——想一想你最期待的工作配合方式，按表 8-1 的格式填写，然后把它放到你办公软件的签名档里。这样一来，你的这份“合作贴士”就成了一块小型告示牌，来来往往的同事都能看见。他们觉得你足够敞亮，彼此配合起来也会多一分理解和谅解。

另外，你要知道每个职场人都有自己的取向、偏好和风格。你认认真真写一次，就是对自己的工作方式、是非取舍进行了一次排序。所以，也请你把填写“合作贴士”的过程，看作是你自我追问的过程。当你知道自己更看重什么、更希望以何种方式工作时，你当然可以更好地与他人展开协作。

2

同事推卸责任，怎么应对才能维护自己的利益？

如果要给职场上“讨嫌”的行为排一下序的话，我知道有一项肯定排在“同事之间闹别扭”前面，那就是“甩锅”：明明是大家提前商量好的，现在出了问题，他转脸说自己早就看出来了，

表8-1 合作贴士模板

我的对接方式	____________________ （比如，有事群里说，开会发文档）
我能提供的支持	____________________ （比如，对接各个业务部的相关同事）
需要你提供的支持	____________________ （比如，数据分析，销售归因）

全赖你拖后腿；明明是他的进度“拉胯”了，可他非但不补救、不道歉，还跑到领导那里吹风说，项目没能按时交付，原因主要在你身上……

跟这样的同事合作，硬生生背下一口“黑锅”，你肯定特别生气。但我想先给你宽宽心——群众的眼睛是雪亮的。功劳在谁身上，篓子是谁捅出来的，明眼人其实都知道。

你可能觉得上级“拉偏架”“和稀泥”，其实，他不见得真的不了解情况，而是要管的事儿太多、满脑子都是烦心事，又或者是你们单位的人际关系比较复杂，所以上级大部分时候不愿意处理下属之间琐碎的矛盾，于是就装糊涂糊弄过去。但他心里应该很清楚这个责任不在你，对你也不会有什么实质性的处理，未来也不会为难你。要是这种情况，你不用急着到领导那里闹。先观察一下，如果发现他确实不知情，再找机会澄清。

但我想提醒你，这次领导帮了你，他次次都能帮你申冤吗？不能吧。如果你没能捍卫自己的边界，不让“背锅”这件事再在自己身上发生，那么在上级看来，你渐渐就成了一个不能独立工作、总是给他制造人际关系的复杂问题的人。

所以，跟有“甩锅”习惯的同事合作时，有些沟通我们必须做在前面。这一方面是为了保护自己，不给其他人可乘之机，另一方面也是为了让上级知道，你是一个明白人、你能捍卫自己的边界，主动管理他对你的印象。

现在请设想一个工作场景：领导让你和小王一起合作完成某个项目，但你上次跟小王合作时就发现他干活不仔细，把一个关键数据填错了，还在领导问责的时候张口就来：“我不知道具体啥情况，这事儿我只是打个配合。”

你已经吃过一次哑巴亏了，可不想再遇到这种情况了。那么在合作之前，你可以先跟小王这样说：**“接下来一段时间咱俩好好配合，一起把活干好。之前咱们合作的时候有些不顺的地方，这次我想先理顺一下，帮咱俩都提提效。我的建议主要是两点：第一，工作上有任何风险或者变动，咱们都在群里同步，方便相关同事了解进度；第二，咱们可以约定一个时间，到点在群里汇报进度。你看这样好不好？”**

你别看这段话很长，把它拆开来其实就两层意思，分别是动态公示和日报同步。这样说完，你和小王的主要沟通阵地变了——从两个人一对一说事儿，变成在所有相关同事的眼皮子底下沟通。我把这种沟通方法称为公示法，下面就从动态公示和日报同步这两方面来说说具体做法。

动态公示很好理解，就是所有你跟同事当面确认过的工作信息，还要在有第三方的情况下公示。

上一部分我们提到过，需要公示的关键信息主要有四类，场合、标准、时间和配合方式。除此之外，我还想请你特别关注工作中的风险与变动——出现这两样东西的时候，往往是你最容易被“甩锅”的时候。如果你没有按照公示模板（表 8-2）中列举的，把进度变动、分工变化、客户提出的新需求等及时公示出来，那就没人知道你和那个同事之间达成过什么共识；出了问题，也没人知道到底是谁的责任。

不是经常有这样的情况吗：客户提了一个非常紧急的需求，要你和同事马上处理。你俩着急忙慌碰头，开小会安排分工，然后一头扎进自己的活里。其实这个时候你就该提醒自己了：除了你和这个同事，没人知道客户提了新需求；不出问题还好，要是没把需求

表8-2 项目公示模板

类别	情形	公示内容
变动	目标变化 人员变动 分工变化	同步项目的一个变动：________。 根据变动产生的调整是：________。 具体分工为：________。 请各位老师知悉。
风险	上级和客户提新需求 客户投诉 进度延误	同步项目的一个风险：________。 经讨论，解决方案是：________。 具体分工为：________。 请各位老师知悉。

承接好，出了问题你说责任算谁的？

所以，当你领了新需求，也就是项目发生变动时，记得要跟上一句：“**我把这次小会的纪要和分工同步到群里**。”写几行字的事儿，就能防患于未然，避免你和同事因为对会上共识的理解不一致所造成的损失。

但如果你的项目本身不是很复杂，或者你承接的只是整个项目里的某个环节，没什么变动和风险要公示的，你依然有一个主动防守的手段——日报同步。把每天要做的事儿梳理出来，同步到项目群里，将自己的工作过程透明化。毫不夸张地说，谁是那个发出日报的人，谁就能掌握项目合作的主动权。

这里我敲个黑板：把“做了什么”发出来还不够，因为这样的日报是给自己看的，而不是给项目群里的上级和同事看的。你要多做一步，就是把手上的活儿分分类，让别人一眼能看出你工作的条理性。

我给你几个分类同步日报的思路：你可以根据工作内容的性质来分。比如写工作计划，可以分成“主线工作”“支持工作”“待定”等。再比如整理资料，可以分为“理论”“数据”“案例”等。你还可以按一项工作所要完成的阶段或者步骤来分。以撰写项目方案为例：收集资料是一个阶段，拉提纲是一个阶段，开会讨论思路是一个阶段，最后整理方案文档也是一个阶段，要把它们区分开来。

你可以根据不同类型的任务，去想不同类型的分类方式，把进度明明白白地同步在群里。哪怕真有人想把责任推到你身上，拿出群里的日报截图，到底是谁的问题一目了然；哪怕真要找领导澄清，你也是带着证据去，而不是带着情绪去。

3
同事不肯好好配合工作，怎么办？

最后一道关卡，我们来讨论一位读者面临的问题，同时也是我们身边常见的一种情形。这位读者告诉我，他的工作表现不错，领导有意想给他拔拔高，就让他牵头一个大项目。干着干着，他发现跟项目组里一名负责技术的同事合作特别费劲，问他技术相关的问题，他总是避而不答。一次两次还可以说是偶然，可十次里有八九次都是顾左右而言他，是不是就有点针对性了？

如果你遇到过这种情况——同事软硬不吃、油盐不进、自始至终不配合你工作——那你的应对方式也应该迭代升级。下面就来看看能解决此类问题的划定边界法。

什么意思？就是你先界定清楚双方的工作范畴，然后告诉同事：你们对各自的目标负责就行，不需要对对方的目标负责。咱就不谈一加一大于二的团队效果了，像这样把合作要求降到最低，就是“划定边界”的字面意义。

在此基础上，要想让这种方法真正起效，你还要做好下面这三步。

第一步，引入决议人。

你已经尽力降低要求了，但同事仍旧不予配合，这个时候，引入一位有责有权（特别是有人事任免权）的上级就成了当务之急——你的话他不愿意听，对他的上级总不会置之不理吧？

你可以跟决议人这样说：“**领导，我想邀请您参加我们后天下午一点的会议，主要是跟大家讨论接下来的工作计划，把每个人具**

体的工作指标定下来，否则项目组工作不能很好地开展。这件事很重要，请您务必来参加这次会议，也请您给我们的工作提提意见。”

不必担心领导可能会拒绝你，不来参会。你的项目是他安排的，你的业绩也是他的业绩。只要你言之有据，他就没理由不支持你。

把直接上级和项目组同事邀请到同一个会议以后，第二步是在会上共识核心指标，按约定节奏来追踪指标的完成情况。

你心里要很清楚，这场会议的首要议程是敲定落到项目组同事头上的指标分别是什么。比如，运营的点击率不低于百分之几、私域宣传每天要触达多少人、技术要在什么时间完成什么量级的迭代、销售要贡献多少成单数等。总之，个人的帽子个人戴走。

会议的次要议程是共识工作节奏，比如以周或是以天为单位(根据项目实际情况自行决定）来确定同事各自的进度。你可以建一个临时的任务群或者邮件组，把上级和同事拉进去，请大家发布自己当周或当日的工作进度，有问题也在群组里提。像这样以固定的频率来呈现每个人的工作状态，谁“拉胯”、谁先进，所有人都能看见。

刚开始的时候，你一定要带头提交你自己指标的完成情况，给大家示范，也帮大家养成习惯。只要那个同事心里稍微有点数，就知道这样下去不行，群众都在看着；他自然会学着收敛一点，按自己在会上的承诺推进任务，配合你工作。

但如果对方还是执迷不悟，那你就要准备好第三步了：汇总证据，向上级求助。

领导虽然在项目群里，但他可能没仔细看每个人任务的完成情况，也不清楚他们提交的数据意味着什么、处于何种水平。而你作为项目牵头人，有义务也有必要告诉领导，“健康”的指标长什么样，比如像这样说：**“领导，我跟您汇报一下项目最近的进度。过去这两周，各方面工作都还比较顺利，完成度是……现在主要是小李负责那部分的数据不达标，对比其他部门的进度是……情况，在行业内属于……情况。我找他聊了几次，效果不太好，进度还是没赶上来。我现在不知道该怎么办了，想请您拿个主意，或者您能不能干预一下？”**

不用担心这样说会让领导觉得你在告状。同事没有好好配合工作，影响的不是你一个人，而是项目整体的进度。况且，你不是空口白话，而是有确凿的证据——比如同事在会上承诺的指标没完成，再比如他没按约定的节奏在群里同步进度。我相信只要是个正常的领导，听你说完就知道是怎么回事，也知道该怎么做了。

领导可能会把这个同事移出项目组，这对你来说肯定大快人心。但如果他综合考虑之后决定继续留着这个同事，那你也不用担心；要么他会出面帮你解决眼下的问题，要么他心里很清楚，项目工作如有损失，责任不在你。

只要能把边界划清，你发起的这次沟通就不算白费。

没错，即使面对那些始终不配合工作的同事，也还是有解决的办法。我把上面说的办法汇总到了表 8-3 里，表题用“记账”二字，是想提醒你把合作期间对方不作为的证据记录下来。万一产生纠纷，你也能做到有据可依。

表8-3 记账要点清单

阶段	要点
“回头是岸”期	● 主动沟通，发起合作。 ● 主动向其请教信息、指标和数据，所有交流留痕。
“卧薪尝胆”期	● 请领导作为会议决议人，共识项目组的核心指标。 ● 把指标拆分到人头上，约定公开同步指标的频率。 ● 带头公开自己的指标，同事公开后，主动统计当天指标的完成情况，总结成表格后在群内公布，并请相关同事确认。 ● 对于没达标的同事，在工作群询问原因以及后续的补救措施。
“秋后算账”期	● 汇总该同事所有指标，标记未达成标准的部分，旁边附上正常进度或者行业平均水平的指标作为对比。 ● 向领导求助，向他请教该如何处理此类问题。

【练习】
怎么跟不配合你的同事打配合？

▼

结合表 8-3，我们实际演练一下划定边界法。

假设领导让你牵头部门“双十一”的营销活动，并让一名运营同事帮你整理运营文案和资源。但你很快发现，只要领导一转身，这个同事的态度就一百八十度大转弯，不仅不干活，还故意挑刺说你做的营销方案有问题，所以他的运营资源跟不上。碰上这样的队友，该怎么应对呢？

咱们按记账要点清单，一步一步来。先尝试主动沟通，给他发条消息：“部门第四季度的流水全靠这次活动了，咱们一起把营销搞好，干出点成绩来吧。你是运营专家，这方面你多使把劲啊。”

你可能觉得没必要这么说，反正对方也不会配合。但请别忘了，领导给你配备人手，一方面是帮你干活，另一方面也是想考察你能不能团结这些同事、跟他们打好配合。所以，不管对方表现如何，你都应该把态度和诚意摆出来。万一最后两个人的关系闹得很僵，你也有证据证明你试图团结过他，从而保护你自己。

下一步，你就要邀请领导参加你们这个项目组的会议了，可以这样说：“领导，近期我想召集一个‘双十一’合作共识会，跟大家讨论接下来的工作安排。您这么关心这次大促活动，我一定得请您来参加，多给我们提提意见。”

当着领导的面，这场会议重点要讨论同事们各自背走多少指标，并就后续的工作节奏跟所有人达成共识："这场营销活动时间紧、任务重，为了更好地达成我们的目标，我们今天来讨论一下每个人负责的指标。距离活动只有不到一个月的时间了，我建议我们以天为单位，每天下班前在群里发出当日指标的完成情况。大家看怎么样？"

在达成共识的当天，咱就以身作则，率先把自己指标的完成情况发到群里："小张 10 月 17 日工作同步：今日私域运营触达 1000+ 人；收集到 23 条针对现有营销方案的反馈，重点要调整……优化 17 条优惠规则，主要有……"

有人带头，其他人也会有模有样地跟上来。等大家同步得差不多了，你作为牵头人，要主动整理当日的全部数据，最好以表格截图的形式发到群里。这样一来，"谁掉队了""谁紧跟大部队在走"，都能看得一清二楚。

如果那个不配合的同事悬崖勒马，咱们就继续好好合作；但如果他依旧无动于衷，你就该拿着证据去求助上级了："有个问题我得跟您汇报一下。这是我统计的项目进度表，前面几块没有太大问题，都是按照预期走的；但这个标红的指标一直没有明显的进展。我对标了（旁边展示的）业内平均数据，差距有点大。我也跟负责这项工作的小李谈了几次，但收效甚微。想请您看看，接下来我该怎么做？"

你要对自己的上级有信心，话都说到这份上了，他绝对不会袖手旁观的。毕竟这也是他自己的业绩。

✦ 花姐给你划重点 ✦

我认为职场有一项基本原则：我可以接受你不喜欢我，但我绝不接受你对我不尊重。无论是推活、“甩锅”，还是闹别扭，都是不尊重同事专业性的表现。我们在不接受的同时，也要想办法主动防守。

这个关卡介绍的沟通方法，都是你可以用来自我保护的“防身术”——

如果有同事和你起了冲突，影响了工作，你应该先关闭过去，主动撕掉负面标签，再开启未来，亮出你对过去的态度，也亮出未来的合作规则。

如果有同事爱“甩锅”，事后推卸责任，你应该事先明确你们的合作方式，并及时在公开场合同步工作中的风险和变动。

如果你特别倒霉，碰到那种怎么都不配合的同事，你应该共识指标，汇总证据，关键时刻请上级从组织的角度加以干预。

看到了吗，保护自己的方法说来也不难，就是明确规则、划清界限。做好这两个动作，不管对方怎么出招，你都能以不变应万变。

别怕，他们伤害不了你的。

我的行动方案

学而时习之，请在这里记录你的思考和改变

我决定做出一个改变：

我用新方法解决了一个问题：

我的感受：

第9关

平衡

怎么应对不同人派活，不做“夹心饼干”

✦ 关卡 ✦

非直属领导让我替他办事，
怎么接？

谁都能给我的方案提意见，
怎么办？

客户给我安排了额外的工作，
怎么办？

✦ 道具 ✦

统一战线法 | 场域法 | 共识回复法

经常有读者向我抱怨：单位里好像谁都能给他派活儿。一个下午的时间，领导安排他写复盘报告，早他工作两三年的前辈让他帮忙整理材料，正屁股不带挪地干活呢，人力同事又走过来跟他说，员工培训马上开始，抓紧时间去会议室……

这么多事堆到一块儿，肯定忙不过来，但他又不知该怎么拒绝，所以常常手上在做，心里在想：要是只有一个人专门给我分配任务就好了，我至少分得清哪些工作是优先的，哪些可以稍后处理。

这个心愿能实现吗？我认为很难。日常真实工作中的协作机制，决定了你会不得不接收来自四面八方的指令。大领导让你跑个销售数据，总不能以“我在忙我直属领导布置的任务，你的活我接不了”为由拒之不理吧？同事给你写的策划方案提意见，总不能丢下一句“我以领导说的为准，其他意见概不接受”吧？

这类问题的解法其实不在于让谁来派活儿，而在于自己如何有效地管理任务。所以在这个关卡，我会讲解三类常见的任务管理问题，分别是“怎么处理非直属领导给你安排的任务”“怎么处理同事给你提的意见”“怎么处理客户额外给你安排的任务”。我希望这三类问题下的沟通方法，能让你自如应对不同人派发的任务，不让吃力不讨好、两面不是人的情况发生在你身上。

1

非直属领导让我替他办事，怎么接？

对于第一类问题，你可能觉得，帮非直属领导办点事儿挺正常的——领导让我干我就干呗。但我想带你到真实场景中，看一名读者遇到的两难处境。

这名读者的直属领导在部门里是副职。一次，部门的正职领导让他跑趟腿，去市里开个会。但他刚到会议现场就收到了直属领导的电话，叫他下午去交一份工作材料。

这名读者表现得很为难，说大领导让我来市里开会了，现在不在单位。对方听完立刻质问道："怎么不提前跟我说你去开会了？这个工作耽误了算谁的？"

这个读者就在心里嘀咕：大领导也是你的领导，他安排我去，我能不去吗？但他反过来又想：直属领导的反应不无道理。咱总不能说，"你最好在派活之前先问问我有没有替大领导干活"吧？

乍看起来，这个坑是绕不过去了，我们这个读者马上就要"里外不是人"了。其实不然，如果你也跟这名读者一样，同时接到了两个甚至更多个任务，可以这样沟通来平衡工作——

先回应那个"越级指挥"的大领导："**收到。我现在立刻整理一下手上的工作，重新梳理下午的工作安排，五分钟之后跟您同步信息。**"再一溜小跑去找直属领导："**我花一分钟时间跟您同步一件**

事。刚才 ×× 领导让我下午去市里替他开个会，但我今天下午原本有 ×× 工作，如果去开这个会的话，我的工作进度可能会耽误。我有点拿不准该怎么安排，想跟您请教一下，我下午的工作怎么排比较好？"

在态度上，你第一时间告诉了直属上级，对他表现得很尊重。在方法上，你让直属上级帮忙出谋划策，相当于把球传到了他脚底下——去开会还是不去？去了之后，原定的工作怎么办？不去的话，该怎么跟大领导解释？……这些都不是你一个人的事了，而是你们俩要共同面对的。

无论如何，前面那种"你没干他安排的活儿，所以他对你很不满"的情况肯定不会发生了，因为你要怎么干，都是他自己定的。

—

在两个领导同时布置任务的情况下，我们很容易忽视一个事实：直属领导才是那个给你的工作绩效打分的人，在你晋升或者被提拔的时候，他才是那个给主要意见的人。很多人其实是在沟通中忽略了自己直属领导的感受，才变成"夹心饼干"，受夹板气的。

所以，无论什么时候，不管是谁给你派活，都应该及时与直属上级同步。这叫统一战线法。要想用好它，你只需记住两个关键动作。

第一，积极回应，但不承诺。

给你安排任务的人即便不是领导，大概率也是你在单位里的前辈。咱得有人缘，别上来就说干不了，该有的尊重和礼貌要先给到。

但礼貌和尊重不等于你要满口答应。毕竟，这个活儿能干还是不能干，你自己说了还不算。在表现积极态度的同时，不过度承诺的回应方式是这样的："**收到。我马上回去排一下手里的工作，稍后给您回复**。"

第二，同步直属领导，上个请教。

回头看前面那个被批评了的读者：你觉得他的直属上级不高兴，真的是因为要交的材料离了他不行吗？很可能不是。上级问的其实是：作为下属，你怎么没经过我同意，擅自做了决定？

这位读者的直属领导可能是这样想的："大领导让你去开会，你就去，都不跟我说一声。到底谁给你打绩效，谁是你上级？"要是碰到那种心胸狭窄一点的领导，那他心里应该正在上演一出大戏：你这是在故意巴结大领导，你的眼里已经没有他了。

所以，为了避免这种情况，你一定要把别人给你派活的信息及时同步给直属上级，请他帮你做个决定："**领导，我赶紧跟您汇报一下，大领导刚刚给我安排了 ×× 任务。原本这个时间我要交付 ×× 结果。如果接受这个新任务，原定的工作可能会耽误。我有点摸不准工作的优先顺序，想跟您请教一下，我接下来该怎么做**？"

你可以换位思考一下：如果你是上级，下属尊重你，没有隐瞒事情，还让你来做决定，你心里是不是也挺舒服的？所以，像这样把信息即时同步给上级，可以防止他因为信息不对称而感到失落和猜忌。

如果直属领导说"行"，那这件事情就简单了。回头你只要安排一下手头的工作，先替大领导把活儿给干了。但如果他认为你原本的工作更重要，让你别去了，你还是可以请直属领导帮忙出主意："您觉得是您去回复（大领导）还是我去回复更合适？"

请注意，这种情形之下，他就能帮你推掉一些本不该由你来做的事情。

表9-1 积极回应避坑清单

⊗ 不能说	⊘ 可以说
对不起，我的工作已经很饱和了，不能帮您。	收到，我现在回去整理一下手里的工作，稍后跟您同步。
不好意思，这个工作不在我的职责范围内。	收到，稍等一下，我把手头的工作收收尾，然后马上找您询问具体信息。
抱歉，我手里有个优先级特别高的事情需要在今天完成，这活儿我干不了。	收到，我回去马上排一下工作的优先级，跟您及时同步。
好的领导，我先跟×××(直属领导) 说一声，您等我消息。	好的，我想请问一下这个任务的标准和交付时间，我安排一下后续的工作日程，再跟您同步信息。

为了加深你对这部分内容的记忆，我总结了一张避坑清单（表9-1）。当你使用统一战线法时，对照这张清单，看看可以怎么回应、避免怎么回应，让自己和直属上级之间的信息尽可能保持一致。

2

谁都能给我的方案提意见，怎么办？

接任务时的弯弯绕绕，刚才我们已经捋清楚了。但进入执行阶段，你还会碰到一类难题：是个人就来给你提意见，你不知道该听谁的，也不知道该怎么推进。

这种“众声喧哗”的场面，在职场是不是特常见？比如，你要给公司的公众号写一篇活动新闻稿。带你的师傅告诉你，语言要真实，能说故事就说故事。写到一半，领导特意来叮嘱，主题要高大上，符合公司的宏伟愿景。好不容易写完，大领导审核内容，说你这种写法完全是在自嗨，不了解情况的读者根本看不明白……好像领导们想要那种“五彩斑斓的黑”，但你东改西改，怎么改都实现不了，最后只好摆烂，谁也不听，拖到这篇稿子不得不上线的时候……

首先必须说一句，反复修改，一直没个定数，确实很讨厌。不仅活儿干起来累，还没成就感。在这一点上，我特别能理解你的感受。

但我想提醒你，越是这个时候，你自己的状态就越该积极主动，千万不要觉得最后能靠摆烂糊弄过去——只要这个活儿不漂亮，责任最终还是你的。

提意见的人只是在提意见，他们又不会帮你担责任。而且，我必须把我在这个场景了解到的一个典型错误指出来：为了图省事儿，用大领导的话去压其他人。

我有一个做策划的读者，要给公司的周年庆策划活动，公司上上下下都很重视。每次他把策划方案发到工作群里，都会收到很多反馈。大家的想法当然也不一样，要是提一次改一次，方案到点出不来，活动根本没法办。

于是，这个读者想了个办法：他绕过在群里七嘴八舌提意见的人，直接把方案发给了大领导，请他拍板。这个办法确实很快见效了：大领导提了几处修改意见后，方案基本定下来了。紧接着，他把活动方案发到工作群里，附上了一句话："大老板同意按照这版方案进行宣传，请相关同事知悉，按照方案持续推进。谢谢各位。"

领导都拍板了，这条群消息下面自然没人说话了，让这个读者烦恼的问题似乎解决了。但没过几天，他发现很多同事对他的态度急转直下，原本见面还能点个头，现在连眼都不抬一下。他觉得很委屈："我提前问了大领导，让这件事的推进变得简单，有什么错呢？"

—

这个读者想要推进工作的初衷肯定是好的，但你也看到了，他用大领导的话让同事"集体闭麦"以后，大家对他爱搭不理，也不愿意配合他工作了，一个可能影响进度的新麻烦又来了。那么，干活时人人都能来说一嘴的问题，有没有解决方案呢？

我给你个思路。你要主动构建一个环境，让大家一次把意见说明白。

我把这个方法称为场域法，分成两步。

第一步，在特定、公开的场域收集意见。

过去，你是被动地应付别人提的意见，但现在不是了——你可以约一个会议，把你能想到的与此相关的同事都请来，有什么想法会上一起说。你也可以在日常工作群之外新建一个项目群，把相关同事拉进来，和大家在群里讨论方案。

只要这个场域是特定的、公开的，都可以。

很多时候，同事们的说法虽不一样，表达的却是同一个意思。过去你觉得应付不了，是因为大家东一嘴西一嘴地讲，意见到你那儿都“爆仓”了。但现在，如果所有人都在一个规定好的场域里，他们可能就会接着别人提的意见往下说：“对，我跟 ××× 想得基本一样，我只有一点补充……”

创造一个场域，其实是在约束同事们提意见的过程和心态。说白了，大家都在一个会上 / 群里，都在处理同一件事，不得相互看着点吗？

一把手提了意见，二把手开口之前是不是也得稍微掂量掂量？如果一把手让二把手先说，那二把手是不是也得想想，要不要给一把手留个余地？如果一、二把手都提了意见，你直属领导是不是就得斟酌一下，他还要提意见吗，还是赶紧去抓落实？

这就比大家一个个在私下里提意见高效得多。因为大家会互相看着，避免提重复的意见。

回到刚才的场景，如果你是那个做活动策划的读者，就可以开诚布公地发起会议邀请：**“各位领导，这次周年庆活动的初版方案由我来负责。方案已经拿出来了，有一些拿不准的地方，想请教各位领导的意见。看了一下各位领导的日程安排，周四下午三点，约三十分钟的时间，请各位领导在会上提提意见，可以吗？”**

你作为会议发起人，在会上不仅要收集大家的意见，最后还应该把意见收拢起来：“**感谢领导们的意见，给了我非常大的启发。我做了会议纪要，稍后我会把各位的意见汇总一下，以纪要的方式发进群里。领导们确认无误之后，我们就按照新的思路开始执行了。**”

这个收拢的动作，会把所有人从七嘴八舌提意见的状态，快速带到“马上要按新方案执行了”的状态里。等你到了管理者的职业生涯阶段，你就会知道，这个动作是非常有意义的，相当于在一群人里率先确认做事的节奏。谁是“节奏大师”，谁就有领导力。所以，你完全可以在现在这个阶段操练起来。

第二步，在特定、公开的场域，推进新方案。

为什么还会有这一步？你懂的，即便你主动出击，按收集来的意见修改了方案，这版方案也不太可能一轮就过，对吧？所以，先做好要反复确认的准备，告诉自己这可能是场持久战，再跟大家同步新方案。

你可以把新方案发到项目群里，也可以继续用会议的形式来汇报方案，比如这样说：“**这是根据领导们上次的意见修改过的新方案。请注意，××方面基于大家的意见，做了较大调整。我想约各位领导20分钟的时间，做一下汇报。**”

看到这里，你应该明白了，场域法无外乎是重复两个步骤，直至方案完全拍板。而它最大的好处在于，任务的进程完全掌握在你自己手里，什么时候召集大家讨论，什么时候汇报新方案，都由你来决定。

当你可以把大家的意见都管理汇总起来的时候，你就不会吃没完没了改方案的亏了。

3 客户给我安排了额外的工作，怎么办？

前面讨论的都是组织内部的情况，但你可能忍不住想说：给我派活儿、提意见的可不光是领导，还有客户呢。总有客户想让我在非工作时间替他办事，也总有客户想让我给他一些合同以外的资源。

处理这些问题似乎要棘手得多。如果直接拒绝，怕会得罪客户。但如果满口答应，不仅工作量剧增，万一做不到，客户觉得你在玩他，还会更生气。而且，这个时候找领导抱怨，对方不清楚前情概要，给的回复常常是“以服务客户为优先”，你也很难从他那里得到支持。

但别着急，这道题并不是无解的，甚至它的解法跟前面说的还有些相似。我们就以“客户想让你在非工作时间替他干活”为例，来说说你的应对方式。

你可以先回复客户：“**王总，我理解您的意思是希望我们周六、周日也能像工作日一样，给您提供人员上的支持和技术上的帮助。完全明白，我现在就把您的想法上报给我的领导，我们内部讨论一下，怎么提供支持能更好地配合您的工作。您稍等，24 小时之内我给您一个答复，好吗？**”

跟客户表态完之后，你就该去找领导了，但不是跟他抱怨，而是这样说：“**领导，我给您汇报一个事。王总希望我们周末也能提供正常的资源支持。我快速拉了一个服务方案，做了一点分析。如果我们同意，可能会产生 ×× 成本，而如果我们拒绝，可能会有**

××风险。您觉得我们怎么回复客户比较合适？”

此处我们用的是共识回复法。它跟统一战线法的相似之处，你应该已经觉察到了：都要积极回应，但不承诺。这能为你争取一些时间，让你有机会在单位内部协调，从而把自己从客户和单位之间“夹心饼干”的处境中解救出来。

除此之外，共识回复法还有两个技术细节，我再跟你强调一下。

第一，领导做决定，方案讲利弊。

对于这一点，你可能有疑问：客户安排额外的任务，有时你一咬牙、一跺脚，还是能接下来的。为什么非得上交领导，让他来做决定呢？

我讲一个发生在我读者身上的真事儿。

他是一名大客户销售，为了维护客户关系，经常会答应客户提的一些要求。刚开始还好，因为他能力比较强，自己把事都包圆了。但后来有一次，客户的要求实在是强人所难，结果我们这个读者就没干成。

谁曾想客户转头投诉了他，当他的领导得知此事后，表现得非常生气：“为什么不上报，为什么要牺牲公司的利益去满足客户的无理要求？”他觉得特别委屈，认为自己是为了保住客户才付出这么多的，结果不被感激，反而被指责。

你觉得问题出在哪儿？

首先必须承认，维护客户很重要，这位读者有维护客户的意识，这一点也非常好。问题其实出在了维护客户的方式上，因为他在大包大揽给客户干活儿的同时，忽略了一个事实：他这个人是公司雇来的，而不是客户雇来的，给他提供薪水、奖金的是他的公司，而不是他的客户。他的时间、他的精力，其实是公司的资源。

换句话说，要不要花时间、精力去满足客户提出的额外需求，不是他一个人能决定的。作为在公司和客户中间的那个人，超出自己职责范围的事儿不擅自做主，而是让领导出于全局去衡量利弊、做决定——这才是真正职业化的做法。

至此，你应该理解“领导做决定，方案讲利弊”的内涵了吧？为了让领导尽快做出决策，你可以提前想一想同意或是不同意客户要求的后果，比如：“**领导，我向您汇报一件事。有个客户提了一个新需求，需要我们做××。我快速分析了他的需求，我们如果同意去做，接下来要……如果不同意去做，可能会……在这两种情况下，您觉得我们怎么处理比较好？**”

这样说，用不了五分钟就能把方案的利弊讲清楚，你们内部对于这件事也先有了共识。你再去推进的时候，肯定不会出大错。

这是第一个技术细节。第二个细节，你要跟领导共识回复的方式。

领导做完决策后，如果告诉你可以答应客户的需求，那你只要把回复客户的话跟领导确认一下就可以了：“**好的，领导，您看我这么跟客户回复合适不合适……**”

你代表单位回复客户，客户会觉得你们的决策很慎重。同时，因为这是基于全局考虑而做出的决策，执行过程中万一有什么问题，你可以第一时间向上级请求支援，而不是一个人一味地付出。

但如果领导认为客户的需求不合理，不能答应，那你可以问问他：“**明白领导，我也觉得客户的需求确实超出了范围。但是这是位老客户，我一个人去说，客户恐怕很难接受。您看这样可以吗，我先挡一挡，给他回复。我回复完以后，您再去跟他说两句，给圆一圆，好不好？**”

你看得出这是在做什么吗？拒绝客户的诉求，无疑是一项艰难的沟通。所以，你最好可以撬动上级出面，让他替你说话，帮你把这个问题解决得更好。咱就别上客户那儿孤军奋战了，最后问题解决不好，客户不满意，还是咱的责任。

不过，想让领导替你走这么一遭，你就应该让他知道，他啥事都不用操心，比如像这样说：“**我提前帮您把材料、回复的话术整理好。您只要出个面、露个脸就可以，其他事情我来解决。**”

都是单位的事儿，况且你已经铺了 99 级台阶了，上级肯定愿意替你走最后这一步，这样你就创造了一个客户、领导和你单独沟通的机会。虽然客户的需求没同意，但你们的关系可能因为这次沟通更紧密了。无论如何，这件事在你这个层面就闭环了。

【练习】

我不想帮客户收拾烂摊子，但又怕影响合作，怎么办？

我知道有很多人为了维护客户关系，可以说是费尽心力。因为我听一位读者提过：他曾帮客户解决了一个失误，这个客户觉得他能干，什么事儿都找他，什么样的烂摊子都交给他来处理。虽然客户每次都说“这是最后一次了”，但总是还有下一次。

出现这种问题时，按我们前面说的，别光想着往自己身上背，该求助求助，该请教请教。咱没打两份工、拿两份钱，千万别操两份心。

如果你遇到过类似的情况，那么当客户找到你时，其实可以说："收到，我理解您的需求是让我们帮您善后。我现在没办法立刻给您一个准确的答复，但我回去之后，一定马上跟领导汇报，看看怎么更好地回应您的需求。请稍作等待，我明天下午 3 点之前一定给您答复。"

然后你就可以找领导反映情况了："我们之前帮 ×× 客户解决了 ×× 问题，他今天再次提出了 ×× 需求。如果我们同意，维护客户的成本会变高，客户也有可能持续提出这样的要求。但如果我们拒绝他，又有可能会影响我们后续的合作。我觉得自己平衡不了其中的利益关系，想请教一下您，接下来该怎么做？"

如果是帮客户收拾烂摊子这种事儿，领导大概率会告诉你，不同意也罢。那你可以接着问他："明白，客户的需求确实超出了我们的服务范围。但是我们跟这个客户合作挺长时间了，之前我们也答应过他类似的要求。如果这次只是我出面去拒绝他，他可能会很难接受。但我相信，如果您出面，他看在您的面子上，不会多说什么。您看这样可以吗，我把资料整理好，您回复的话术我也准备好，您能出面回应一下客户吗？"还是那句话，99 步都是你自己走的，最后这一步，领导没道理不迈出去。

在跟客户打交道这件事情上，我最想强调的一点是：**我们是为了单位才对接的客户，而不是为了客户才留在单位，我们跟单位才是坐在一头的**。明确自己的职场站位，在客户提出额外要求的时候及时汇报，让领导知道完整的情况，那你就不太会变成夹在公司和客户之间的那块"饼干"。

✦ 花姐给你划重点 ✦

这一关牵涉到多个不同的利益群体，难度系数比较大。但我们知道，面对不同人下的指令时，不可能有一种应对方式叫摆烂、叫自暴自弃、叫“你们都给我闭嘴”。越是这种情况，越要主动发起沟通，平衡不同人之间的关系，尽可能让自己在一个单纯、透明的环境里做事。

比如，接到非直属领导派发的任务时，我们要主动用好直属上级，第一时间跟他同步信息，这是统一战线法。

再比如，方案执行过程中总有人来提意见，遇到这种情况时，我们可以创造一个特定的环境，在一个固定的时间收集、处理意见。这个场域法能帮我们省下很多时间。

还比如，客户给我们安排了额外的工作，没关系，上共识回复法，抓着自己的上级一起去做决策，去给客户回复。

通过这些方法，我们就能把自己遇到的挑战转变为可以跟其他人去商量、去讨教的机会。请相信，以你的聪明才智，最终一定能找到问题的最优解。

我的行动方案

学而时习之，请在这里记录你的思考和改变

我决定做出一个改变：

我用新方法解决了一个问题：

我的感受：

WELL DONE!

第10关 轮岗

怎么积极轮岗，证明你适应能力强

✦ 关 卡 ✦

领导突然叫我去轮岗，
怎么办？

轮岗前，
怎么交接好工作？

怎么和新领导
建立联系？

✦ 道 具 ✦

主动迎战法 | 前后延伸法 | 横向入职法

这是我为你的“职场闯关之旅”设计的最后一道关卡，想跟你聊聊一项有点特别的制度——轮岗。

很多组织把轮岗作为对优秀员工的一种奖励，这背后的逻辑是：你在原岗位干得不错，有潜力，所以我安排你去其他岗位接触不同的业务，让你有更全面的工作体验和全局视野，这对你未来的晋升也是一种利好。

但员工眼中的轮岗可不是这样的——大部分员工都是在毫无准备的情况下被叫到办公室，被通知要去一个陌生岗位工作。对他们来说，轮岗与其说是奖励，不如说是惩罚，“我怎么被踢到了一个跟我工作毫无关系的岗位上，我是不是要被边缘化了？”

或许是这种“被边缘化”的心态作祟，我看过一则数据，七成以上的优秀员工在新岗位上的绩效表现要比之前差。很多人宁愿在原岗位等待，也不愿意“被轮岗”。

但切换到组织的视角，你应该可以想象领导们的“恨铁不成钢”吧，“态度这么不积极，我还怎么相信你能带团队、管项目呢？”

组织和员工之间天然的视角差异，决定了这是一道艰难的关卡。但即便有很多人会败下阵来，我相信还是有那么一小部分人——他们被要求轮岗时，不仅适应周期短，进入状态快，还能带着充足的资源去做事。所以这一关我要带你看看，他们的哪些做法能为你所用。

领导突然叫我去轮岗，怎么办？

刚才提到，很多员工接到轮岗通知后的第一反应是躲闪："我干得这么好，负责的项目马上就要出成果了，凭什么把我调走？"除此之外，我发现的另一个极端心态是"胳膊拧不过大腿，啥也不说了，咱就去吧"。就这么听天由命地到了新岗位，一切从零开始，工作难度可想而知。

其实，无论是"躲闪"还是"躺平"的员工，都忘了一件事儿，那就是先跟领导聊聊，把自己被派去轮岗的原因搞清楚。

领导这么做，有可能是要培养你，未来好提拔你，也有可能是新岗位那里出了问题，觉得你很不错，让你去救火。如果你连这些最基本的信息都不知道，稀里糊涂就答应过去了，那你以后肯定会责怪自己，"我当时实在太被动了"。

所以，面对突如其来的轮岗安排，怎样才能化被动为主动呢？我用主动迎战法为你总结了两个技术要领：

第一，为自己争取一点时间，提高准备度。你可以这样说："**领导，我知道这个轮岗的机会特别难得，我一定得认真想想，您也容我跟家人商量一下。您看这样可以吗，明天我带着我对这个新岗位**

的问题和思考来向您汇报，也跟您请教请教。”

像轮岗这样的事，通常对方是不会“逼”你当场表态的。那么，无论你争取到了两三个小时，还是两三天，你都可以用来做一些准备工作。

比如，动用你在单位里的人脉，去了解新岗位的情况；再比如，跟家人通个电话商量商量。等回来的时候，你就成了这场沟通的发起者，你的心态也就没那么被动了。

在此基础上你要知道，这场沟通应该有个核心目标——为自己争取一些资源，便于你未来开展工作。

这是主动迎战法的第二个技术要领。都说“融入新部门很难”“在新岗位的绩效没那么好”，诸如此类，那我们有没有可能从老领导那里要点“嫁妆”，让自己在新岗位上更有底气呢？

我给你一个思路。你可以让老领导带你去新部门认识一下新领导，请他嘱咐两句，像这样说就可以了：“**领导，我相信您对我的安排都是为了锻炼我，我也特别愿意接受锻炼。这次我去新岗位的时候，您能不能给我壮壮胆，带我去认识一下新岗位的领导呀？**”

这对于他来说只是举手之劳，对你来说却是应该把握的资源。你的老领导在，那你的新领导无论如何都会表现得认真一点——至少第一次见面他肯定认真对待。你们双方是不是就有相互建立信任的基础了呢？

我总结了你可以为轮岗争取的资源，除了刚才说的，还包括以下几种：

- 请领导介绍新岗位的关键人物。
- 请领导去新岗位看你，支持你未来的工作。

· 请领导给你跨部门合作的机会。

了解哪些资源有利于开展工作以后，你就可以发起沟通了，“**领导，我没有相关性质的工作经验，能不能请您指条路，我可以找谁请教请教**？”或者“**未来我能不能每个月约您一个时间，向您汇报新的工作进展和自己的一点思考**？”

在这个时间点，你对于轮岗有什么顾虑，都可以跟领导敞开来谈。你可以这么想：谈了虽然不一定能解决，但如果不谈，就一定没有解决方案。有这种心态打底，再去做准备、去争取资源，轮岗对你来说或许就不会那么难了。

2

轮岗前，怎么交接好工作？

我们再来看轮岗前一个很容易被忽视的问题，工作交接。它看起来只是流程性的事务——填张表，签个字，走下过场就可以了，后续再要有问题，那都是“继任者”的事儿。但下面这位读者的经历告诉你，没做好交接，很多麻烦会像回旋镖一样，重新回到你手里。

这位读者被调到其他部门工作以后，离原部门比较远，不太方便教那个接手他工作的同事干活。于是那个同事就以“之前没做过”“还没上手”为由让很多人帮他，搞得部门里的同事很有意见，觉得都是因为这位读者不负责任，没交接好工作。

喜欢在野外露营的朋友应该知道一个规则——“维护营地，你离开的时候要让它比你来的时候更好”。一个岗位，就相当于我们职业生涯里的某块营地，我们也应该遵守一个类似的规则，叫作“离开岗位之前，把活儿整理得比你之前干的时候更明白”。这样不仅接手你工作的同事可以轻松上手，你离开“营地”去到新岗位以后，口碑也会很好。而这就要求你在轮岗前后适当地“延伸”一下自己的责任范畴，我称之为前后延伸法。

其中“前延伸”说的是，平常你就应该有管理工作文档、工作关系的意识，把这些工作做在前面。“后延伸”说的则是，你要有扶继任者上马，再送一程的精神，而不是交接完就一下子撒手。

—

如果你平常有收集工作文件和信息，给工作分类的习惯，那么“前延伸”对你来说应该不难——拿出你整整齐齐、漂漂亮亮的工作文档，就可以发起沟通了：“**领导，我为这次交接准备了一个文件夹，里面的文档都已经分好类了，还有目录和超链接，查找很方便。小王拿到这些文档，应该就清楚这个岗位的方方面面是怎么回事了。我预计一个下午就能跟他把文档里的内容捋清楚。您看还有别的指示吗？**”

这是工作文档的交接，但还有一样东西你之前可能没写进文档里，那就是工作关系——你这个岗位都要向哪些领导汇报，跟哪些同事以及客户打交道，也是你在“前延伸”时要交代清楚的。

我为你准备了一张工作关系清单（表 10-1），在上面填写了一些信息作为示范。你可以花点时间，照着这张表梳理一遍自己在原岗位的关系。

虽说表格上的很多人都是你的老相熟了，但等你到新岗位以后，很多以前的关系不常维护，那可真是说没有就没有了。所以，

表10-1 工作关系清单（示例）

工作关系	联系人	角色	对接注意事项	联系方式
上级关系	赵总	直属领导	赵总更喜欢面谈	
	陈总	跨部门领导	陈总的会 一般安排在上午	
平级关系	小李	部门同事	小李住得离公司近 周末有急事可以问问他	
	小张	跨部门同事	小张每周四 下午和晚上有直播 开会要避开这个时间	
客户关系	张总	大客户	张总每周 只在北京待两天	
	王总	新建联客户	王总跟我们 有4小时时差	

这个步骤也不光是为了交接工作，还是为了让你跟那些高价值的人际关系持续产生互动。

如果时间允许，我觉得最周到的做法是在你离岗前，带着继任者拜访一圈清单上那些重要的关系。比如，对于稳定合作的客户，拜访时你可以这样说：“**张总，跟您这两年的合作特别愉快，我学到了很多东西，您也见证了我的成长。现在有个机会，我们单位让我去一个新岗位锻炼，未来肯定还要请您多多指导。公司这次也是精挑细选，安排小王来负责跟您对接，这年轻人可比我优秀多了，您有什么需求都可以跟小王说。而且我跟小王说好了，您这边的需求，如果他做不到，随时找我，一定把您服务好。**”

我为什么建议你去做一圈拜访呢？因为我在工作中经常看见那种“明明交接完了，但交接不出去”的情况。这可能是继任者本身胜任能力的问题——你是认真教了，但他不见得能学会。而像这样带着他走一圈，你其实是在告诉所有人，“我可正式交接了啊”。大家心中有杆秤，知道你的工作已经做到位了，万一继任者有什么接不过去的，自然不会赖你。

—

再来说“后延伸”，也就是在交接后的一段时间里，你要有“扶上马，送一程”的态度。

关于这一点，我其实听过不少抱怨，“转岗之后，我自己也处在一个学习期，压力很大。还要给继任者帮忙，我不得累死啊”。

但“后延伸”不是说你要给自己揽事儿，而是你和继任者之间应该确立规则，说清楚“你能怎么支持他”，好让双方都按规则办事。

具体方法是这样的。你可以带着这个继任者先跟领导做一次汇报，“**领导，您安排我跟小王交接工作，我基本上已经交接完了。**

您放心，我也跟小王说了，接手以后有什么问题，可以来找我”。铺垫好，就可以定规则了，比如，“**我建议小王遇到问题的时候，先请示您，如果您判断这个问题是我帮得上忙的，您就直接让小王找我**”。

这条规则说的是，继任者直接来找你是不行的，他得先找领导。领导判断必须你出手的时候，你再出手。这样既把面子卖给了领导，也避免了自己碰到“伸手党”。

再比如，“**我这个岗位，说实话，事务性的工作还是比较多的，但我认为小王应该没什么问题。他接手的第一个月，我可以每个星期跟他对一次，遇到的问题，我集中帮他捋一捋**”。

你品品这条规则是什么意思。是“说好了，一个星期我跟你对一回，平时没事儿别老找我”的意思，对吧？

交接的边界如果不清不楚的，新部门的领导就有可能生出不满之心——人都已经来了，怎么还动不动往老部门跑呢？所以，你一定要管理好继任者的预期，通过上述规则告诉他，你已经离岗了，别指望你还能随叫随到。

其实，无论你要交接什么岗位，继任者遇到的问题八九不离十都是下面这几个方向的，我在表 10-2 里给你梳理出来了。我想，不管是你的继任者还是前领导，看到这样的表格，就知道你做了很多“幕后工作”，也会把你的工作水平、你的好记在心里。

当然，要是你所在的部门“苦交接问题久矣”，你可以直接把这一关的表格和流程介绍给你的上级、引进你的部门，让大家都能靠谱起来。

风水轮流转，或许哪一天你又会跟原部门的同事共事，你这么做，也是在积攒自己的人品嘛。

表10-2 工作交接问题清单

相关问题	问题知情人及其联系方式
工作中有哪些常规会议、活动和报告?	
工作中正在推进的问题有哪些，哪个优先级比较高?	
工作中哪些方面容易出现安全隐患和负面反馈?	
哪些问题对方可能不知情，需要重点说明?	
哪些工作不易理解、不好上手?	
哪些问题目前已经解决，但如果不及时检查，还会再次出现?	

【练习】
怎么交接，既利他，也利己？

▼

工作交接本质上是一件不确定性极高的事——在什么时间节点产生，你的时间是否充裕，对方的工作能力是否到位，都决定了它会有不同的效果。所以在这道练习里，我想把交接的两个技术要领交给你。有需要的时候，你就可以操练起来。

第一，在你的交接文档里准备一份流程文件。

流程对于“熟练工”来说可有可无，但对新手而言可太重要了，因为新手完全不知道这事该从哪儿干起，到哪儿结束。所以，你在原来岗位的经验，最好都可以嵌进流程里，可以像这样说：“小张，我先把流程文件给你看看，有问题你可以在文件里标注。明天我跟你约个时间，我们就‘每个季度更新供应商合同’这项工作做个交接，到时候就可以用上这个文件，你提你的问题，我根据你的问题来分享经验，好不好？”

基于流程，双方就有了一个共同的信息界面。对方提自己关心的问题，而你根据对方提的问题来交接，这样不容易出现“你觉得自己说清楚了，但对方还是没明白”的情况。

但流程还是大面上的事儿，交接时的第二个技术要领其实是围绕资源和风险，来“拎重点”。

比如，你在这个岗位干活的时候，都有些什么资源？哪些持续有效，哪些需要调整，它们跟预算的关系分别是什么样的……这些事情都应该跟继任者交代清楚。

再比如，部门日常工作中都有哪些风险点？这个排雷的工作在交接时也很有必要，可以像这样说："有几个事儿，过去我工作时都是吃过亏的，稍微给你介绍介绍，你别嫌烦。"

让继任者短时间内记住所有流程，可能没那么容易，但要是说风险，那他可是分分钟都能给你背下来。所以，给继任者一个善意的提醒，让他知道雷区都在哪里。未来，他会感谢你的。

3 怎么和新领导建立联系？

跟老领导和继任者沟通的方法，前面已经介绍清楚了。除此之外，还有一组关系在很大程度上决定了我们轮岗的成败，那就是我们跟新领导的关系。

还记得我们之前说的吗，轮岗后七成以上的人绩效变差了。究其原因，员工在原先的岗位"怎么干怎么有"，可能不仅仅是他个人能力强。上级信任他，同事合得来、愿意给他支持，当然也是很重要的原因。想象一下，如果每次汇报完领导都直接说"去干吧"，你的工作体验该有多丝滑？

但到了新岗位上，事情就没那么简单了。原来你是骨干，现在你是新人。原来一次汇报就能解决的问题，现在可能要来回改三遍，才能为自己赢得一点点理解、信任和支持，工作效率自然大不如前了。

而正如我所观察到的，员工轮岗时最容易犯的错误，就是一头扎进具体的事务里，想尽快在"事儿"这个层面赶超同事，忽略了

“如果换了领导，必须重新做大量的沟通，重新构建人际关系环境”的现实。

在这一点上，我们很容易后知后觉。

曾经有个在国企工作的读者问我：“花姐，我借调到总公司快一年了，你觉得我应该主动向分管副总汇报心得吗？汇报的时候，你觉得我应该多说心得，还是多说某个具体问题的解决思路啊？”

借调到总公司，这是一个特别明显的为培养干部而安排的轮岗机会。作为旁观者，我们是不是一眼就看出来了？而我们这个读者纠结的问题——说心得，还是说具体思路——其实并不重要，重要的是跟那个“明明相处了快一年，关系看起来还很生疏”的领导建立起良好的沟通习惯，从而让他相信，你在基层显现出来的那些能力是真的，你是个靠谱的人，他可以对你放心。

那你肯定会问，怎么做才能达成这个效果呢？来，试试下面说的横向入职法。

虽然轮岗不是跳槽，没有职位和薪水的纵向提升，只有工作经验的横向跨度，但我们还是要以入职的心态来对待自己所在的新岗位，重点做好两件事。

第一，每个岗位都有所谓的“四梁八柱”，也就是那些要掌握的关键知识。我自己以前做过总结，做好以下几件事，岗位的基本面就算是被你摸清楚了，它们会让你快速找到工作的状态：

- 在一个月内熟悉业务。
- 找到利益相关者。
- 符合领导预期。
- 适应文化。

你应该很清楚，要搞定这四件事儿，光靠你的“前任”还不够——即使你从他那里拿了一份洋洋洒洒 40 多页的交接文件，你想要的“四梁八柱”也不一定在里面。所以，你要自己制订一份沟通计划，通过几个关键人物来拿信息。

你第一个要求助的其实就是新领导，向他请教你这个岗位究竟是怎么回事儿，可以像这样问：“**领导，我理解我现在的岗位是以研发为核心，同时要顺带着和销售部门去做一些大客户销售的事情。核心考核指标应该是 ××。您觉得我理解得对吗？请您再给我指导指导。**”

向新领导求助的时候，你可以捎带着让他帮你指条路，“**我初来乍到，特别怕因为自己的学习能力跟不上，耽误工作。咱们哪位同事跟我这个业务最相关、水平也比较好？您能不能跟他说一声，让他带带我，我以后多向他请教。**”第二个关键人物其实是这样来的。

请注意，领导下意识向你推荐的这个人，除了是业务骨干，大概率也是他自己非常信任的下属。所以，通过这个人去了解部门和岗位的相关情况，会起到纲举目张的效果。

当然了，如果你的人缘还不错，那你还可以在新部门里找找自己的“内线”，他算是第三个关键人物。

“内线”不见得能在业务上给你带来多大的帮助，但他了解部门的文化、领导的风格。很多潜在的语言体系和文化规则（请注意，不是潜规则）都可以通过这个“内线”来了解，从而更快地适应新部门。

你在找这几个关键人物的时候，可以结合表 10-3，想想怎么通过他们，把新岗位的“四梁八柱”弄清楚。这是你要做的第一件事。

表10-3 新岗位关键信息清单

摸清“四梁八柱”	注意事项
在一个月内熟悉业务	**公开信息收集：** 查询相关网站和分析报告，提前接触与新岗位相关的信息。
	内部信息收集： 查询内部手册，了解部门整体情况。
找到利益相关者	**内部对接人：** 上级关系、平级关系……
	外部客户： 价值客户、潜在客户、陌生客户的建联渠道……
符合领导预期	你主要的工作内容和核心指标是什么？
	领导希望你来主导某个项目，还是先给同事打辅助？
适应文化	领导的管理风格是什么样的？
	你跟其他同事的协作方式是什么样的？
	……

在此基础上，我们来说说第二件事，跟新领导敲定你工作的目标。这件事的内涵，其实是利用你刚到新部门的这段“关系蜜月期”，把所有跟目标（同时也跟工作绩效）相关的事儿向领导打听清楚，做到有的放矢，可以像这样说：“**领导，我希望能用一个月的时间完全适应这个新岗位的要求，尽快为咱们部门做点贡献。这是我自己拟的一份工作规划。为了防止我犯错误，也让我正确理解咱们的目标，您能跟我说说，咱们部门今年的大目标是什么吗？还有这个季度您认为最重要的目标是什么呀？我是不是可以帮您分担一些？**”

从部门的年度目标，到分解后的阶段性目标，再到落在你身上的目标，所有问题都只围绕着一件事儿。为什么要这样呢？

其实，每一名新人加入团队时，领导最关心的就是他能不能一起帮着完成团队的整体目标。换句话说，你对整体目标的贡献值越高，就可以越快进入这个新部门的核心圈子。

为了让你可以基于目标来制订工作计划，我在表 10-4 里准备了一个模板，包括时间、阶段任务、所需资源、调整措施等项。其中调整措施说的是，万一在执行当中现实和计划不匹配，你都有哪些补救措施或者替代方案。

你可以在这张表上填写你第一周、第一个月、第一个季度要达成的工作目标，然后跟领导对齐。这样他就能看清楚，哪些工作是你自己能达成的，哪些工作的要求对你来说可能高了，需要匹配资源，以及最重要的，你在那一周、那一个月、那一个季度为团队目标的达成做了什么。

就在这一系列问目标、对齐目标的过程中，你的新领导会渐渐

10-4 工作规划模板

时间	目标	阶段任务	所需资源/帮助	调整措施
第一周	部门目标			
	个人目标			
第一个月	部门目标			
	个人目标			
第一个季度	部门目标			
	个人目标			

习惯和你之间的沟通。即便以后关系出了“蜜月期”，也不会影响你继续向他请教，从他那里获得支持。因为，他早就把你当成自己人了。

✦ 花姐给你划重点 ✦

越来越多的组织正在把轮岗作为员工晋升前的必考题。所以，我在这一关指出了员工在轮岗期的常见错误，同时总结了三套解题思路。

轮岗无异于我们职业生涯中的一场遭遇战，被动就要挨打，所以不如主动迎战，提前为适应新岗位做一些准备。这是主动迎战法。

轮岗前后，适当“延伸”你的责任区，把工作交接做好，这是前后延伸法。因为继任者的成功，就是你的胜利。通过一次工作交接，你有机会赢得那些重要的人际关系对你的支持和好评。

进入新部门以后，你用一种重新入职的心态对待轮岗，通过沟通摸清岗位的“四梁八柱”，明确自己的工作规划，补齐自己的能力地图。这是横向入职法。

最后，我希望过去的这段学习旅程，可以帮你用最高的效率为当领导、带队伍、出业绩做好准备。

我们在这本书的第二部分见。

我的行动方案

学而时习之，请在这里记录你的思考和改变

我决定做出一个改变：

我用新方法解决了一个问题：

我的感受：

PART TWO

PRACTICAL GUIDE

好啦，在前面的十道关卡里，关于如何开展工作，所有能掰开了揉碎了给你讲的方法，我都交代完啦。

但我知道，事到临头，纠结、冲动、羞怯、自我怀疑的情绪还是会时不时蹦出来干扰你，让你不能100% 发挥已经储备好的实力。

这些时刻，你需要一声棒喝。

我很喜欢《古尊宿语录》里寒山、拾得二僧的对话。

寒山问拾得曰：“世间谤我、欺我、辱我、笑我、轻我、贱我、恶我、骗我，如何处置乎？”

拾得云：“只是忍他、让他、由他、避他、耐他、敬他、不要理他，再待几年你且看他。”

这本书的第二部分是一组办事攻略，当中没有道理、没有情绪、没有理由，你只管去做。

没错，在正确的轨道上，只管去做，再待几年，你必然成为更好的自己。

每当走到职场的关键时刻，希望你能记得，翻开我为你准备的办事攻略，接受一声棒喝，然后——只管去做。

第1条
面试收到offer以后要做什么？

1. 收到 offer 后，用自己的话向联系你的人力资源部门同事表达你对这份 offer 的理解，并整理成简要的邮件或微信发给他，请他确认你的理解是否准确。如果你对某些问题感到困惑，直接问，不要猜。

2. 随时告知可能影响你入职的信息。如果在入职前发生任何变化，比如现单位要求你延长交接期，你本以为不会成功的某个留学申请突然获批，甚至老板开出了你无法拒绝的挽留条件，一定要立即与人力资源部门的联系人沟通。但不要请他帮你出主意，因为这很容易被误解为你试图谈判入职条件，告知事实和你的决定即可。

3. 吃“自己的狗粮”。追踪新单位的动向和新闻，并要求自己高频使用它的产品和服务。在电脑上创建一个文档，把这个阶段的想法和疑问记录下来。只记录就好，不需要给出结论。这个文档将在你入职三个月后发挥一个大作用——你可以拿着这些记录去找你的上级，然后把你入职前后对这些问题的对比思考告诉他。针对一些特定的问题，你甚至可以提出作为员工的具体建议和解决方案。对方一定会认为你是一个“有心人”。

4．在社交媒体上尽可能多关注一些未来的同事，观察他们在谈论什么、彼此之间的互动方式怎样。这会加速你入职后的融入速度。

5．务必和你所属部门的负责人加微信，如果面试时没加，可以请人力资源部门的联系人帮你加一下。在入职前就要有互动，比如非正式地向对方报告你的入职进展，主动问问有什么刚启动的项目工作群，你可以作为新手先行加入，并力所能及地帮一些忙。请注意，这么做不是拍马屁、拉关系，而是“社交热身”，可以帮你在入职时快速跨过陌生人之间的社交尴尬期。

6．入职前一天给自己拉一张清单，把所有该准备的事项列在上面，打钩核对。提前把相关资料整理到一个文件夹里。

7．请你所属部门的负责人“帮你个忙”。请注意，一定要是“小忙”。可以请他提出一些在入职前希望你做的准备事项，比如阅读一本书，研究两三件事情。这是和别人产生互动的最佳方式之一。职场上请别人帮个小忙，相当于钱钟书说的“谈恋爱要从借书开始”。

8．加分项：提前到岗。如果有可能，一定要这么做。人力资源部和你所属部门的负责人会非常欢迎你。

第2条
上班第一天要做哪些准备？

1. 比通知你的上班时间提前十分钟到单位，这可以让你在当天上午有充足的时间办理手续，做基本的入职适应。

2. 重视第一次面对面谈话。到岗后，第一件事就是去问你的直接上级：今天你什么时候有时间，可以跟我交代一下工作？**一定要从他的日程里为自己争取不少于半小时的面对面交流时间——这不仅是工作部署，更是建立信任的过程**。见面时，重点请教他关于本部门各项 KPI 的内涵，以及他希望你在其中承担的责任。

3. 为自己准备一段 200 字左右的自我介绍。因为你会加入所属部门乃至单位的各个工作群，需要你快速介绍自己，并且让同事们有兴趣与你互动、实现破冰。一个比较好的格式是：本名 + 别名 + 学习背景 + 主要工作经历 + 一个特征。加分项是讲讲你在加入单位之前对它最深的印象。

4. 给所有在你加入单位之前已经认识的人，比如面试官、其他部门的同事等发一条消息："我今天正式到岗了，我的工位在 ×× 位置，你坐哪里呀？方便的时候，我来跟你打个招呼。"用这种方式，能快速建立自己的非正式社交网络。

5. 问当天与你有交流的每个人同一个问题：如果我要把我的

工作做好，你建议我去跟谁聊聊？照着这份名单，在未来的一周争取把这些人都聊到。

6. 不要浪费单位派给你的“导师”或“导游”，他的责任是帮助你熟悉单位环境和人事。在这个过程中，你可以多上请教。比如他给你介绍了某个人，你就要问清楚：“这个人主要负责什么，和我的工作会有什么交集？”在第一天结束时，要真诚地向“导师”“导游”表示感谢，但不要给他送礼，也不要请他吃饭。

7. 其他老同事交流时，你可能会听到很多陌生的名词或者说法。不要放过去，当场就问；实在不好意思问的，记下来，事后单独问。一家单位真正的手艺，往往就藏在这些陌生名词和说法里。

8. 一定要在上班第一天把单位的生产力工具搞明白。以我们公司为例，包含这些：

- 飞书（基本沟通工具 1）
- 企业微信（基本沟通工具 2）
- OA（Office Automation，自动化办公平台，也是单位内部流程的聚集地）

有问题的话，找行政或者 IT 支持部门的同事协调，务必彻底搞定。除此之外，各部门可能还会有一些特定的生产力工具。找直接上级问清楚，务必在接下来一周之内熟练掌握。

9. 当天工作结束前，给你在人力资源部的联系人发条消息，告知你今天到岗后的进展，感谢对方的关照，并且询问之后有哪些新员工培训的计划，方便你提前安排时间。

10. 认真写下你在这个工作单位的第一篇周报。这是你的起点，值得记住它。

11. 如果你特别害羞，实在不好意思主动开启和新同事的交流，那么你可以在工作群做自我介绍时附上一句：“我很希望能够跟每位同事学习，但我有点社恐，能请你们遇到我的时候，先跟我说一句话，带带我吗？”放心，有奇效。

第3条
工作中如何发起求助？

1．发起求助是一个人非常底层的能力，每一次求助也是连接他人的机会。所以，不要怕求助。求助可能会暴露你能力上的不足，但也可以展示你的上进心。对于一个年轻人来说，上进心比能力重要多了。

2．张嘴请别人帮忙之前，先花三分钟时间想一下：**自己为这件事做了什么，是否付出了应有的努力，是否穷尽了自己的办法**？如果都敢回答“是”，再去请人帮忙，否则就是伸手党。

3．要分清是请人帮小忙还是帮大忙。小忙就是举手之劳，别人基本上不需要牺牲自己的原有工作节奏来帮你。小忙要动用“私人化”的沟通方式，人家帮的是“你”，而不是事儿。无论结果如何，都要领情，要还人情。最好的还人情方式是“当下就做”，当天给人买杯咖啡、请人一起吃个午饭，甚至只要真诚地道谢就够了，重点是把事情即时了结。要避免“回头请你吃饭啊”这样的说法，既不诚恳，也没有关闭这个互动循环。

4．请人帮大忙，就是需要别人牺牲自己的原计划，甚至放下手头的事情来做你的事。大忙绝不能用“私人化”方式，而是要正式协商。先去跟你的直接上级交流，告知你的情况，取得他的支持，请他来为你协调其他同事的时间。你脑子里是自己的一摊事，而你上级的脑子里有业务全局，所以他会权衡事情的优先级，避免捡了芝麻丢了西瓜。

5. 即便是上级安排其他同事来帮忙，你也不要认为这是理所应当的。要主动问来帮忙的同事：你手头的事儿，有什么我能分担的吗？尽量不要让他因为你的事儿而承担过大的压力。

6. 为帮你忙的同事准备一个清晰的工作界面，专门挑一个时间认真向他介绍，让他与你掌握的情况完全一致。你应该介绍的信息包括但不限于：你之前为这项工作做了哪些事情，有哪些特殊情况你解决不了，你请他帮忙的具体问题是什么，这项工作的最终目标是什么。如果有相关资料，整理成一个有目录的文件包给他。

7. 求助时要尽可能当面说，让对方看到你本人。在五分钟之内把你的问题陈述清楚。超过五分钟，说明你自己还没想清楚。

8. 虽然别人出于各种原因愿意来给你帮忙，但是，工作责任人还是你。如果你认为因此可以不承担原定的责任，那就不叫求助了，而叫“甩锅”。所以你要告诉帮你的同事，你愿意承担责任，有任何问题随时可以丢给你，他尽管放手去做。

9. 重视“求助命中率”，求助的对象和求助的方式一样重要。不应该考虑“我跟谁熟”，而是要从“他有能力/经验/权力解决这个问题吗”出发考虑。不确定的话，问身边的老同事——不是问他们能不能帮忙，而是问“建议找谁帮忙”。

10. 无论是小忙还是大忙，如果是向单位外的人求助，先要搞清楚这个问题是否可以让单位外的人知晓，不泄露非公开信息。

拿不准的话，请示上级。

11. 如果是向单位外的人求助，还要询问对方的合作条件。在对方业务范围内的合作，务必主动支付费用。绝不能出现“自己同学是开 PPT 制作公司的，就让他来免费设计文件”这样的情况。如果对方或者双方合作事项不是商业化的，则要发送邮件正式致谢，或者在单位申请一份合规的礼品赠予对方。

12. 除了善于求助，也要善于应对他人的求助。不要大包大揽，而要分清主次，先评估一下自己原有的工作是否能搞定，再决定是否帮助别人。不确定的话，去问问你的直接上级，向他寻求建议。

第4条
怎么发起线上沟通？

1. 在线上环境，对方的时间和注意力都非常有限，所以应该有意识地训练自己在 30 秒内清晰表达观点的能力。这反过来也能测试你是否真正理解自己在做的事。

2. 想办法讲清楚自己观点的价值，在对方心里种下一个大大的 why（为什么），让对方愿意给你时间进一步沟通。

3. 不当“沟通黑洞”。收到别人发来的消息时一定要有反馈，哪怕只是最小化的回复“收到，尽快确认 / 落实”。

4. 注意整理自己的网名。在进入职场之前，不雅、低幼、复杂的网名都应该改掉。**让自己变得好找、好认、好称呼，就是在零成本提高自己的存在度**。

5. 永远不要问“在吗”。应该以有事说事的心态，简短地写清楚你想办的事情，方便对方快速浏览。要是怕对方不方便，在写清楚自己的诉求后，可以附上一句“不急，您有空的时候回复即可。”

6. 给对方打电话之前，最好先在线上约一个方便通话的时间。

7. 不是万不得已，不发送语音信息。

8. 在介绍合作伙伴或工作人员时，最好征求一下双方的意见，拉个小群给双方介绍一下，然后自己退群让他们沟通，而不是直接推名片、直接拉群。要知道，没有人喜欢突然被陌生人打扰。

9. 翻到本书第一部分，把“怎么做好线上沟通，为沟通提效”的内容再看一遍。

第5条
怎么正确地使用工作邮件？

1. 就线上沟通而言，按照正式程度来分：邮件＞电话＞微信等即时通信工具。是的，虽然在微信上说也是白纸黑字，但它最不正式。所以，在线上沟通重要事项的首选还是邮件。

2. 公事和私事使用的邮箱不要混用。

3. 一封合格的工作邮件包括标题、开头、正文（含诉求）和结尾，认真写好每个部分。

4. 标题要有“呼唤你”和“愉悦你”的效果。“5月12日会议纪要”不如改成“5月12日会后行动方案，请批示”，“12月3日的培训课程”不如改成“学习成为有效沟通者：12月3日培训课程大纲”。

5. 开头有温度、有重点。第一句话先暖场，接下来马上进入主题，比如“我写邮件给您，是想核实一下……”

6. 正文用“三个凡是”组织格式：凡是能分段的就分，凡是能加小标题的就加，凡是能列清单和图表的就列。让对方一目了然。

7. 诉求要清晰，语气要尊重。比较一下这两种说法的区别：

“请各位按时递交表格，否则老板会骂。”“我希望在下午 4 点前收到各位的表格。如果你实在忙不过来，请提前告知我。”

8. 结尾能引发真正的行动：“我每周都会跟您同步这个项目的进度。下周二我会联系您，以了解是否有其他问题我可以协助解决。”“我期待能和你在电话里进一步讨论，欢迎你的建议。盼探讨。”

9. 微信或者电话沟通后，最好把重要的文件和事件用邮件再备忘一下。说白了，这也是对自己的一种保护，万一产生争议也能做到有据可依。

第 6 条
被通知参加一场会议，不了解情况，怎么办？

1. 定角色。接到通知时，要主动问询自己在会议上的角色。向会议发起人确认，自己是列席了解信息就行，还是要承担某项具体责任。

2. 做功课，带着信息进会议室。至少清楚地了解会议的目的、会议召开前此项工作已有的基础、主要参会人的身份和你能为这场会议所做的贡献。

3. 不迟到，不摆弄手机，除非负责陈述或者需要记录，否则也不使用电脑。

4. 往前坐。除非会议室条件不允许，要求自己尽量往前坐。坐到前排的人，当然压力更大，但也会因此思考和参与更多。

5. 记笔记。快速记录会议过程中的要点，尤其是要记录要点来自谁。如果没有指定记录人，那么要求自己在会议结束后半小时内完成会议纪要（参考下一条办事攻略“怎么写会议纪要？”）。暂时做不到的话，按照这个标准训练自己。即使这场会议有记录人，你的笔记仍然可以起到补充或者供自己回顾的作用。

6. 勤发言。只要会议的议程允许，参会就要做发言准备。提出问题、提供建议，都算。

7. **在任何情况下，绝对不允许自己说出以下这句话：我没什么准备。**

8. 有陌生同事或外部人员参加的会议，发言前先自我介绍，口齿清晰地说明自己所属的团队、姓名和来这个会议的目的。

9. 如果发现会议上有自己不认识的人，可以向其他熟悉的同事打听一下，记住他的名字和团队。也可以临散会时跟他正式互相自我介绍一下。

第 7 条
怎样写会议纪要？

1. 会议记录和会议纪要是两回事。会议记录是个人化的，可以尽可能多地记过程，把主要的讨论和发言写下来，这有利于事后复原记忆。而会议纪要只应该包括共识和后续行动，是一份行动计划。

2. 凡开会，必有纪要。只有纪要才能确认我们是否达成了共识。

3. 一份有用的会议纪要，除了时间、地点、人员等基本内容，还应该包含三要素：共识、责任人和跟进点。如果有未能达成共识的事项，把它们记下来，必要时再发起会议讨论（在本书会议发言那部分内容里，有我为你准备的会议纪要模板，可以直接取用）。

4. 会议纪要必须是清单体，符合 MECE[1] 法则，即清单的每条内容相互独立，逻辑平行。基本元素也应该是一样的，包括：我们将要做什么事，谁负责，什么时间完成，达到什么效果。

5. 会议纪要不仅要发到工作群里，还要发邮件。撰写邮件时，

---

1 Mutually Exclusive and Collectively Exhaustive 的简写，意为相互独立、完全穷尽。——编者注

可以在正文和附件同时添加纪要内容。**以“××会议纪要，请查收”为题的邮件效果最差，不妨改成“××会议纪要，请确认你的负责事项”，这样能保证大多数人真的会看一遍**。仅仅是邮件标题的变化，就能帮你把一份纪要改造成一个行动方案，让收件人行动起来。

6. 一份会议纪要不应该超过1000字。如果超过了，说明执笔者没理解这场会议到底发生了什么。

第8条
怎样发起一场会议？

1. 不召开无准备的会议。作为会议发起人，必须提前向参会人发出会议邀请，明确主题、人员、目标和会前阅读材料（如果有的话）。

2. 狠狠地限制人数、限制时长、限制主题。正常情况下，参会人数不要超过 10 人，会议时长不要超过 1 小时，也不要开多目标的会，否则很难组织有效的讨论，最终变成少数人担责、大多数人“摸鱼”。

3. 在我们公司有一个经验，会议发起人默认要担任主持人。主持人对会议效果全程负责，并且最好在开会前花 3 分钟再次跟大家明确会议议程。这样做的好处是不会跑偏、不会超时，且保证会议结束时一定有结果。

4. 主持人在会议开始前指定记录人，负责在会议结束后出具会议纪要。为了锻炼新同事，这个角色在我们公司通常会由新加入的同事负责，主持人做指导。

5. 会议结束的时候，主持人需要进行 5 分钟的总结，确认我们是否达成目标，并说明下一步的工作事项、负责人和截止时间。**一头一尾两个发言，是会议主持人最需要下功夫的地方。**

6．我们公司的另一个经验是，为了培养后备团队，在大部分会议里设立旁听席，感兴趣的同事可以参会旁听。但为了会议的效率，旁听席不安排发言。

7．要讨论一个工作事项，除了正式发起会议，还有一个更轻量级的方式，就是发起非正式沟通。午餐时候的对话，在工位旁开一个站会，都算。这样的讨论，效率远高于正式会议。

8．学会熟练地使用“你刚才那个建议能不能再详细展开一下”“这件事我们能不能再具体讨论一下做法”等有助于把议题推向执行的表达方式。

9．会议室里最有力量的一句话永远都是：这件事我来吧！

第9条
怎么养成良好的工作习惯？

1. 找到工作的意义。这个意义不能依附于外界，比如别人的认可。

2. 用内容工程而不是内容创作的思路去工作。“工程”的意思是要给定条件，有明确的交付物和交付标准。

3. 时刻记得一项工作的“最高任务”，别把活干“碎”了。

4. 把工作重心放在解决问题的方法上，研究自己的工作方法，关注自己工作方法的迭代，以及工作方法能不能为自己和他人提效。

5. 把每项工作都当成一个作品来完成。哪怕是写一则活动通知，也要写成让人眼前一亮的活动通知。

6. “训练”你的上级，让他养成给你好好布置工作的习惯，确保你在干活之前充分理解这项工作要解决什么问题，以及交付标准是什么样的。

7. 最可怕的不是接到不合理的工作任务，而是各个环节的同事都还说不清楚任务是什么，它就已经到你手上了。这时候，你可以做那个明白人：到业务场景里看看同事们到底要解决什么问题，问题是典型的还是非典型的，是长期的还是暂时性的，然后试着提出你的解决方案。

8. 了解各个环节同事所做的工作。如果你是互联网公司的业务人员，你要大致清楚哪些问题技术可以解决，哪些不能，别乱提需求；如果你是技术人员，你也应该知道业务的真实场景和需求是什么。不是完全满足业务“表达”的需求就是好技术。

9. 工作的时候要考虑解决这个问题需要多少成本、能带来多大的业务价值，而不是仅靠自己的经验、偏好和主观判断。要培养自己的财务思维。

10. 工作一方面应该有责任感，另一方面也要学会“心大”。很多工作都是做好了没人看到，出了问题才会被看到。既不要因为没人看到自己的努力而沮丧，也不必因为被看到了问题而崩溃。都只是工作而已，它们永远不代表你这个人的全部价值。

第10条
被安排了一个任务，执行过程中要注意什么？

1. 少来“把信带给加西亚”那一套。一朝领命而去，几年百折不挠，和组织失去联系也要把事儿办成的故事虽然很励志，但并不是真相。**真相是组织的目标和打法都在快速变化，只有和他人保持密切互动，才能在变化中达成目标**。

2. 不要怕被人讥笑“刷存在感”，做事的人就是要为自己做的事争取存在感。经常与部署任务给你的上级谈论你在做的事情、你遇到的问题，是换取对方建议的最好方式。

3. 任何一个任务都可以拆分为若干个子任务，选择从哪个子任务开始做时，考虑你最有天赋、资源最多和最想花时间的。先拔“101 高地”的红旗，剩下的乘胜追击。

4. 高度关注你的协作节点。涉及与他人、其他部门、外部合作者协作的节点往往是最容易出问题的。要养成保留沟通证据的习惯，比如重要事项用邮件确认、开会后及时同步会议纪要、不删除微信对话记录，等等。

5. 如果需要更改计划，应立即做沟通，防止小变化耽误了一盘大棋。

6．也要防止图省事拒绝改变，这可能会耽误目标的达成。

7．对人好一点，无论事情有多重要多着急，都要做个有人情味儿的人。关心与自己合作的人的状态，主动表达对他们的关切和感谢。有条件的话，为他们创造一些便利，不要等着他们来找自己。

8．跨部门、跨组织的沟通不要假手于人。怕麻烦，所以让他人去传话，最后造成的麻烦还是得由你自己解决。主动发起横向沟通，这也是锻炼领导力的好机会。

9．注意执行过程中的法律问题。比如，是否要使用第三方的字体、图片、音乐或视频？是否已经征得第三方的充分授权来使用这些素材？上级指示的工作方法是否违规甚至违法？是否在文案中使用了“最好”“唯一”“顶级”等广告法禁止或限制使用的词汇？谈话对象是否需要取得所在工作单位的批准方能提供信息？……

第11条
怎么为自己的工作争取更多资源？

1. 重视积累自己的工作信用。能拿到更多资源的人，不是在抢资源这件事情上特别有办法，而是因为平常就很靠谱，大家都很信任他。

2. 有意识地提高工作曝光度。主动与工作上下游的同事、分管的领导聊聊工作进展，让大家知道你在做什么、取得了什么阶段性成果。千万不要只顾埋头拉车，拒绝与其他人交流。

3. 工作要以“可交付”而不是“我尽力了”为标准。可交付的意思是，这个工作离开你手的时候是个完成品，不需要下家修补就能进入下一个流程。在工作单位的生态中，谁的结果最可交付，资源就会迅速集中到他那里。

4. 增强全局意识。把自己的工作放到单位的业务全局里做对照，找到自己为全局做贡献的方式。你对全局的贡献度越高，资源就越会向你倾斜。

5. 不要把升职作为争取资源的一种方式。升职是升职，做事是做事。如果把这两件事搅和在一起，只会让其他人觉得你是以工作为要挟，谋求个人利益。

6．对每一次会议，尤其是跨部门的会议做强准备。会议是提高你工作曝光度的最好机会。在会议上的发言一定要有信息量、有建设性。长此以往，大家都会重视你，你要资源的时候大家也愿意帮你。

7．力出一孔，在关键时刻争取关键资源。

8．把基础工作都做完，让大家觉得你是“万事俱备，只欠东风”。这一点我们在第一部分讲“如何争取外部资源”时也有强调。

第12条
怎么和同事讨论工作问题?

1. 无目标则无意义。发起讨论前，先声明目标，标准句式如下：我想实现一个目标，但我有一个具体障碍，我们一起讨论一下解决方案吧！

2. 展现你对这个问题的热情和投入度。最好能“感染”而不是“要求”对方加入讨论。

3. 如果你没想清楚目标，那么，把“我没想清楚目标”作为第一个必须被讨论的问题提出来。

4. 没必要在讨论开头说半天自己的想法。对方很可能是个高手，不需要你做过多铺垫。直接发起问题，用“我特别想听听你的建议”结尾，请对方反馈。如果他需要更多信息，他会问你的。

5. 随手做个记录，比如画个简单的流程图或者记一下关键词。人们在讨论时的想法不是结构化、精准化的，而是随机迸发、稍纵即逝的。随手记录的习惯，可以保证每个精彩的想法都能被发展成一套完整的打法。

6. 复杂的讨论先征得对方同意，然后录音。

7. 如果不好意思直接反对对方的某个观点，可以说没听懂，请他再说一次。你会发现，大部分人会说出一个比前一次更完善的想法。

8．讨论要闭环。发起讨论的人有义务总结：我们讨论的成果是什么？是一个共识，还是一个行动计划？

9．向对方表示感谢的最好方式，是告诉对方你的收获。

第13条
有不会、不懂、不确定的东西，怎么办？

1.是先查资料还是先问人，取决于紧急程度。如果情况紧急，请按办事攻略“工作中如何发起求助”来做，别让你的自尊心耽误工作。如果不紧急，就先自己查询资料，通过自学搞懂搞会。

2.最直接有效的自学方式是找出类似的目标，进行1:1模仿。比如，我会建议团队里的新同事多看看已经上线的产品，先模仿成熟的模式来开展工作。照着葫芦画瓢，至少能对一半。像这样的模仿，产品经理可以做，程序员可以做，甚至你在准备单位大会发言的时候也可以做——模仿你崇拜的职场前辈的讲话方式，在模仿中体会高手为什么这样表达。

3.不用担心你会因此变成一个抄袭者。模仿只是你的学习方式，你还要根据他人的反馈和单位特定的要求进行调整，最终一定会形成你自己的特色。记住任正非的那句话：先僵化，再优化。

4.要有一张“梦想名单”，上面是你心目中几位同行大神的名字。关注他们的动向、解读他们的文章和言论、复盘他们解决问题的模式，利用一切机会向他们学习。

5.养成“反述”的习惯。无论是别人回应了你的请教，还是别人给了你一个教导，都要反过来向他讲述一遍，请他确认或者纠偏。这样可以避免自作聪明，也可以核对自己有没有真正掌握。

6．请职场前辈给你开一张学习清单，让他们推荐值得读的专业书、值得加入的专业社区，然后坚持学习。在社区输出自己的学习心得或者资源，让别人能看到你的存在，那么当你在此发起求助时，就能获得更多的信任和尊重。

7．逐步搭建起自己的同行关系网络，并能从这个网络中获得滋养。一个运营，当然要和其他至少五家优秀公司的运营同行有交流关系；一个编辑，当然要知道这个工作单位乃至这个市场上一流的内容生产者都是谁，并且要让他们也知道你的存在。技术也是，财务也是。

8．如果你不会、不懂、不确定的属于法律或财务等方面的专业问题，参考下一条办事攻略“怎么正确地问出正确的问题”，找单位相关部门的同事讨论。

第14条
怎么正确地问出正确的问题？

1. 问题分两种：一种是可以没完没了探讨的课题，question；另一种是要着手解决的难题，problem。在职场中，当我们说“问问题”时，通常是指后一种。

2. 尽可能把封闭性问题转换成开放式问题。比如，将“这次运营活动需要开个协调会吗？”转换为“我建议这次运营活动召集一次协调会，你觉得要叫上哪些人？”我们问问题，是为了展开一段建设性的探讨，而不是要问出一个固定答案。

3. 正确的问题应该设定边界和条件。你可以比较一下“怎么把 OKR 制定得更好”和“我明天要提交下个季度的 OKR，怎么制定能让小组达成业绩目标”之间的区别。

4. 正确的提问方式应该是目标先行，把目的放在前面说，把问题放到后面。问上级“你明天能有一个小时时间吗？”一个忙碌的上级大概率会回你“干吗”或者“没时间”。但换个次序，先问“我明天想召集一个会议解决这个技术问题，你觉得有什么需要注意的？”那你大概率会收到有效的回复。先把目的说了，然后再问“预计只需要一个小时，你能参加吗？”

5. 正确地提问和正确的问题一样重要，警惕问问题和 judge

(评判) 之间的微妙区别。虽说 judge 在形式上经常表现为问题，但它表达的只是情绪，而不是诉求。比较一下“你能展开介绍下你的思路吗？”和“你是咋想的？”之间的区别。

6. 不 judge 别人，不代表不能发表反对意见。对于表示怀疑和反对的问题，可以先做一个“态度豁免声明”，比如“我想就事论事地问一下”“我可能要问一个不太礼貌的问题”。我的搭档罗胖在提出一些尖锐的问题之前，最常用的表达方式是“请原谅我情商特别低，我想直接问一个问题”。给了这个情绪缓冲，虽然对方仍然不会高兴，但是他不会愤怒。

7. 尽量不要使用反问。这样说，遇到强势的人会吵架，遇到弱势的人会把天聊死，无论如何都耽误了事情本身。

第15条
怎么参与一个大项目？

1. 在大项目里打冲锋，最能锻炼一个人的综合能力，一定要积极争取。

2. 如果想参与一个非本职工作的大项目，务必先寻求直接上级的支持和推荐。同时，为自己的本职工作制订明确的计划，证明不会耽误进度，让上级可以放心。

3. 明确自己在项目组的分工和定位。一定要在启动时和项目负责人聊聊，把你们双方对责任和权限的界定对齐。

4. 项目启动第一周，应该认识组内所有成员，并且清楚地知道大家的分工。如果还是不清楚，就主动为大家画一张分工表。

5. 基于项目的整体进度，把自己负责的工作进度表制订出来。一个大项目的执行过程中，变化一定很多，要做好随机应变的心理准备。对于任何变化都不要觉得与己无关，而是要不断“对表”(对工作进度表)，看一下自己负责的部分是否需要改变。

6. 如果自己负责的工作有变化，第一时间与其他项目成员同步信息，便于协作。

7. 秉持“先慢后快”原则。制订方案、就方案形成共识的时候，要有耐心；一旦方案确定，就快速推进执行。在方案计划和权限范围内的事情，该自己定的就自己定，不消耗他人的时间精力。

8．积极给项目组其他成员的工作出主意。如果自己刚好有某些资源，主动分享给他们。

9．自己负责的工作要负责到底，绝不“甩锅”。除非是工作单位层面的调动，否则不在一个大项目进行期间退出。

第16条
要集体做一次项目工作复盘，怎么办？

1. 先做书面作业，再组织会议。各工种成员先用清单体进行书面总结，形成复盘文档。哪些值得上会集体复盘的，看文档便知。

2. 复盘会按四个步骤进行：回顾目标、评估结果、分析原因、总结规律。

3. 复盘的基准要和最初设定的目标对比，成败自明。对于未达成的目标，不要试图找理由合理化。

4. 能使用定量指标说明的，不用定性描述。

5. 不用相对数字，用绝对数字呈现定量指标。相对数字是“比活动前大大提高了十倍”，绝对数字是“从 10 人使用到 100 人使用”。感受一下谁在“骗人”。

6. 项目负责人要有统筹意识，避免各工种的成员在复盘会上自说自话。

7. 在复盘会上，给各工种的成员展现自我的机会。

8. 复盘会不追究具体成员的责任。

9. 复盘会是最有价值的内部培训会。如果项目情况允许，可以邀请项目外的同事来旁听。

10. 复盘会开完，并不代表项目就此关闭了。如果暴露出一些待解决的问题，项目的负责人有义务继续跟进。

11. 复盘会的纪要，尤其是那些可复用的经验和值得推广的能力，要列入单位的“重要工作检查清单”，以便下一个同类型的项目带着这一次复盘的经验直接开干。

第17条
想跟同事搞好关系，怎么办？

1. 同事首先是“共同做事”，做事靠谱，是同事关系的基础。

2. 如果能和同事成为朋友，这是幸运的事。但是同事不必是朋友，所以，不要用和朋友相处的方式与同事相处。不要有“他们是否喜欢我”“我怎么做才能让他们喜欢我”的期待和妄念。

3. 别让同事为你的心情、健康、心理买单。一旦你开始因为私人生活而影响工作，就相当于绑架了整个团队。

4. 工作，就是和世界玩交换游戏。如果你还没有资源，就把自己作为资源。你的资源包括：你能支配的时间、你能运用的技能和经验，以及以你的眼光所看到的趋势。

5. 主动帮助别人，或者真诚地向他人求助，都可以快速拉近你们彼此间的关系。

6. 工作中既要关注人，也要关注事。不关注人，人不和你玩儿；不关注事，合作没收益。越往高职位走，越需要关注人。

7. 你在表达诉求时，表达方式越符合对方的工作习惯、越清楚、越有力，就越有可能成为让同事省心的人。一个人的职业信用，源于持续向单位、部门、同事提供价值，也就是“让自己对别人有用”。就算自己能力暂时不强，至少要让同事看到你的付出和态度。

第18条
想跟上级搞好关系，怎么办？

1．良性的人际关系只有一种：独立自主、强强联合。你专业、你能干、你有前途，上级会和你拉近关系；你巴结、你取悦、你绩效不好，上级会毫不犹豫地解聘你。

2．上级是要面对很多个下级的组织者。他代表单位雇用你，是在购买你的能力和时间，以节省自己的精力和时间。从这个意义上来看，他是你的“用户”。**我认为不存在“我要跟上级搞好关系”这个课题，真实存在的课题是“我要服务好我的用户”**。

3．既然上级是你的“用户”，那么你交给他的任何工作结果都应该是一个“产品”。哪怕是一封邮件或者一份报告，都应该表达扼要、背景清晰，让对方可以快速抓住重点。

4．学会向上调用资源，而不是等待被调用。上级时间少，但信息多、资源多；你时间多，但信息少、资源也少。谁资源匮乏谁主动沟通，谁比较痛苦谁主动沟通。所以，和上级的沟通一定是由你发起。

5．计划外的沟通和反馈尽量按上级的时间表来走。在沟通之前，给他发个消息，告诉他具体想请教什么、需要多长时间。这不是因为他官威比你大，而是因为他要面对很多个你，时间被分摊得很稀薄，也很不确定。请记住，他的精力也是你们团队的资源。

6．沟通时，不妨用营销思维“算计”你的这位“用户”，吸引他对你的工作倾斜更多的资源、注意力和时间。具体来说，就是及时、主动地同步信息，展示你工作的紧迫感和重要性，同时客气地提出困扰和需求。

7．需要上级给意见时，让他做选择题而不是主观题。这是在帮他聚焦问题，也是在帮你自己更快地拿到回复。

8．遇到自己解决不了的问题，有效率的求助逻辑不是“领导，我办不了，你来”，而是“请指条路，我继续干”。

9．“逼”上级干活的一个好思路是，想想他手头的工作里哪些你能帮上忙。等你把能做的事儿都做完，就差他临门一脚的时候，他自然退无可退。

10．有什么是你能帮到上级的？答案是，把团队之外的资源和经验引进团队，帮团队“挣效率”。做到这一点，恭喜，你已经有了“上级自觉”。

11．前面说的所有方法都遵循一个大前提：你的上级发自内心地信任你。取信于人就两个字：靠谱。**靠谱的意思是：凡事有交代，件件有着落，事事有回应。**

第19条
怎么和支持部门打交道？

1. 把支持部门（人力资源、财务、法务、风控等）当自己的顾问用，多征询建议；别把支持部门当警察用，出了事儿才报警。

2. 换句话说，如果你主动“发球”，早早地把遇到的问题抛给他们，他们就是给你帮忙的；但如果你被动“接球”，等他们找上你，他们就是限制和审查你的。

3. 在对话中扫描自己的“概念盲区”，以此为乐趣。法务依循的是法律法规，财务依循的是会计准则，这些专业人士学习和掌握的东西与非专业人士的直觉差别特别大。如果你觉得和支持部门打交道很枯燥，就给自己提个要求：从谈话中找出一个他们说的陌生专有名词，请教他们是什么意思，向他们展示你的好奇和善意。

4. 这样做还有一个好处，就是你逐渐学会了怎么从专业人士的角度来理解业务，也能从业务的角度来理解管理控制的要求。祝贺你，你满足了晋升为管理层的一个硬条件。

5. 主动给支持部门提改进建议，特别是那些能帮助他们提高效率、摆脱无效努力的建议。请相信，他们也不想天天盯着你。

6. 复杂问题的讨论要可视化。支持部门和你的工作语言不一样，很容易说着说着就乱了，更可怕的是误认为取得了共识。所以讨论时要用好白板，把流程中的节点拆细。不只是在结论上达成共识，更要在节点上达成共识。

7．在所有支持部门中，人力资源部门较为特殊，因为他们的首要责任就是为员工提供所需的工作环境和条件。所以，当你遇到挑战时，主动跟人力同事聊聊。这要比你自己坐在那里苦思冥想有用得多。

8．完成一个重大项目后，别忘了主动向支持部门的参与者致谢。如果有正式的复盘和庆功活动，也要邀请支持部门的同事参与。

第20条
怎么找跨部门的同事解决某个问题？

1. 先问清楚应该去找谁。如果身边的同事都不清楚，直接在工作单位的大群里上个请教：“我要解决 ×× 问题，请问是哪位同事负责？”

2. 站起来，走到对方工位旁边，当面谈。

3. 如果是第一次打交道的同事，向对方做个自我介绍，并且要让对方知道，围绕着这个问题的相关部门和人员都有谁；如果需要扩大讨论范围的话，应该找谁。

4. 切忌以“这是 ×× 领导提出的”作为沟通的起点。**谁负责、谁落实**。**反过来也成立**，**谁落实、谁负责**。

5. 从几个不同角度衡量你的问题：你能不能一次性向对方讲清楚你对这个问题的界定，以及这个问题的影响、时间紧迫性和需要达成的目标。当面说一次，如果不是当场能解决的问题，邮件再备忘一次。

6. 不要怕得罪人。如果你判断在小范围内不能解决问题，第一时间向你的上级求助。

7. 尊重对方的工作排期，跟对方一起确定合理的解决问题的时间，不要诈唬对方。

8．主动跟进，直到问题被真正解决。

9．在部门或者单位范围内报喜。我在前面讲线上沟通相关内容时也提到了这一点，要告诉更多人这个问题解决了，而且因为这个问题的解决，之后团队的工作会有什么进步。同时不忘感谢相关人员。

第21条
怎么给别人安排任务？

1．无论你说得如何充分，对方都会“丢”一部分信息。要抱着“他一定会丢信息”的心理准备来安排任务。

2．被安排的对象不见得是下属，你也会遇到要给平级，甚至上级派活的情况。这个工作的依据不是你的权威，而是你的责任。你越认真，对方越认真。

3．一个对方可执行的任务满足一个公式：目的 + 目标 + 动作 + 达标标准。安排任务时，可依照此公式来进行。

4．先交代目的，让对方清楚地知道这个任务的目的是什么，这样对方才能在执行中主动想办法做得更好。还是那句话：知道为什么而战的士兵是不可战胜的。

5．要有明确的目标。在我们公司，它意味着目标“有衡量标准”且“尽量单一”。要警惕任务有多个目标，“我要……我还要……最好还能……”意味着它很难被执行。

6．动作要求不能过细，**只强调关键动作，非关键动作允许变通**。

7．针对达标标准，而不是最佳标准形成共识。每个任务都应综合考虑效果、效率、成本和长远价值等要素。由于不同的人对要素的偏好不一样，很容易出现执行偏差。所以，大家先要就达标标准形成共识，在此基础上才能追求更好。

8．给别人安排任务时，切忌自己说完就走，记得让对方把任务再说一遍。如果对方是你的上级，那么你可以用一个委婉的问题来引导：关于这个计划，您看在过程中需要我怎么配合？

9．给别人安排任务，还有跟进的义务。要跟进对方的执行过程，直至目标达成。

第22条
觉得自己压力大，怎么办？

1．压力是公平的，真正做事的人，没有人能够置身事外。你从工位抬头看，目力所及的每个人压力都很大，区别只在于不同人掩饰焦虑的能力不同而已。坚信这一点，就不易起怨懑之心。

2．压力的根源是“无能”。因为没有足够的掌控力来影响事物的走向，所以会产生强烈的不安全感。**调节压力的关键**，**不在于消灭压力**，**而在于提升能力和掌控感**。

3．每天工作结束，从细节中抽身，以全局视角回溯目标，自检进展，有利于提升掌控感。

4．去找给你制造压力的人聊聊，说出自己的困扰。永远用最直接的方式面对压力源，很多时候你会发现，有压力可能是因为自己“想太多了”。

5．压力无法被替代，注意力可以被转移。到压力难以承受之际，离开工位，去玩一小时游戏，剧烈运动半小时，都有回血效果。虽然问题依然在，但不妨缓口气再来。

6．如果压力影响睡眠超过两个星期，及时寻求医疗资源的帮助。

7. 人体是一个“反脆弱”系统，能恢复过来就是反脆弱，会变得更强大。对于高手来说，高水平的休息和恢复有战略性地位。不妨多问问单位里看起来状态不错的同事们有什么减压方法。

8. 最消耗自身能量的事情是和怨气冲天的人在一起。为自己着想，不要扎堆聚在一起发牢骚。

9. 最补充自身能量的事情其实是做创造性的事情，而不是休息。创造性的事情有很多种，找到最适合自己的。

10. 对抗压力其实是一种可以通过训练增强的能力，给自己设计一些极端测试，看看自己忍耐的极限在哪里。比如要求自己每天优先处理一件特别畏惧的事情。

11. 职场压力和生活压力无法互换消解，别把压力释放错了地方。

第23条
事情超出了你的能力范围，怎么办？

1．一旦发现事情超出了自己的能力范围，人很容易打退堂鼓；不是不想做大事，而是怕丢脸。但请记住以下这条人生经验：**一件事如果犹豫做还是不做，选“做”。做了也可能会后悔，但这种后悔和因为“能做而没做”所产生的一辈子的妄念相比，坏处小多了。**

2．要有目标感。别站在起点看，站到目标的那一端回头看。用目标来整合一切过程中的资源和人。

3．走着瞧。目标再大，起点都是小事。先动手干起来，干着干着外部条件变化了，或者掌握更多信息了，自己做决定的能力就强了。

4．不当“孤军”。你要承担的责任是全部门甚至全单位的，不是你一个人的。那么，广泛地求助，包括把自己干不了的活儿交给别人。这是你的权利，更是你的责任。

5．用好你的“救生员”。我在前面也讲了，职场上总有那么几个关键时刻能拉你一把的人。遇到难事向“救生员”请教，然后不打任何折扣地去落实他们的建议。

6. 建立一个属于你的基本控制点。一个大项目里会有很多人、很多问题、很多变化，如果完全靠应变，那谁也承受不了。必须建立一个“不变”的控制点。从经验看，**一个被严格遵循的项目进度表、一个定期碰头开会的机制、一个对分段目标的核查通报制度都是控制点，且都能见效**。你要尽全力维护这个控制点的权威性，但你的控制不应该是对人的，而是对事的。

7. 遇到突发的变化，别应激。给自己几分钟冷静一下，判断这个变化是不是实现目标的更好方式。如果是，拥抱变化；如果不是，带着目标和相关人再讨论一下。

8. “摁住”关键决策人。如果你领导不了所有人，那就向上领导，取得关键决策人的信任和指导。

第24条
怎么在职场做好时间管理?

1. 管理时间，从来不是在工作时间和生活时间这两个时间团块之间做取舍。时间是一个不间断、不回头的“流”，做好时间管理的前提，就是把所有项目纳入同一个流里，只有优先级排序，没有此消彼长的平衡。

2. 养成每天列工作计划的习惯，不为了给领导看，只为了培养自己的觉察能力。一个进阶的工作习惯是每个月拿出两个小时，拉一遍重要事项清单。需要注意的是，清单事项要用能勾选的模式。每完成一项就打钩，是你能给自己创造的一个“最小化正反馈”。

3. 比提高效率更重要的是做减法。把严重消耗时间的低产出项目从自己的时间流里删掉。比如，有人经常要跟数据打交道，用Excel花费很多时间，那么就可以下决心学基础编程，把制表工作彻底从时间流里剔除。

4. 做一个有觉察的人，对自己一天中的能量状态和任务进行合理匹配。比如，“晨型人”不妨比别人提前一小时进办公室，在无打扰的环境下集中处理一天中最难的工作。再比如，如果你一定要在完全安静的环境里才能处理某些工作，就想办法为自己营造一个这样的空间。

5. 把“多线程工作能力”作为一项刻意练习。这不是简单的一心二用，而是在时间流里开着后台，运算多个项目——前台专注处理的只有一个，但后台并行思考和储备的可以有多个。这样，当前台出现任何变化时，就可以调取后台的其他项目来替换或者合并。练习这个能力的最佳方式是争取管理复杂项目的机会，每个复杂项目都会倒逼你进行多线程思考。

6. 找到可以授权和协作的对象，积极“传球”。职场的特点是团队作战，开展工作时要如足球场上的“中场发动机”，不仅自己善于带球突破，还要眼观六路，随时准备传球。及时请别人帮忙，能让自己更聚焦于主线任务。

7. 对于支线问题，努力提高自己的容忍度，允许一些事情“60 分就好”。比如内部开会用的 PPT 就不必费心思做很多动画效果，整理会议纪要时信息准确比文字漂亮更重要。

8. 把每天的工作分成“大戏”和“小品”。“大戏”就是那些挑战性高、优先级高的项目，给“大戏”在计划表上留出足够多的时间。“小品”就是那些必须要做，但又不费脑子的项目，只列在工作计划里，但不锁定时间，见缝插针地做。“大戏”必须日事日毕，“小品”允许延迟 24 小时。这样就能让自己既有纪律，又有弹性。

9. 永远别把日程排太满，给自己留出独处和思考的时间。

第25条
发现身边有人做了错事，怎么办？

1．当下发现，当下提醒。针对行为，不针对个人。态度越直接，就越属于对事不对人。态度越模糊，就越属于对人不对事。

2．如果是同事做错事，善意提醒一次。如果对方拒绝接受，就不再提醒，不让自己陷入别人的错误中。

3．以对方是因为无知而犯错为前提。在提醒的时候要解释、示范怎么做是对的，而不是抓着他的小辫子说他做错了。

4．对于拒绝改正错误的人，你可以私下向权限更高且信任度较高的人反映情况，请他们关注这一问题。每个上级都会感谢这种愿意帮他操心的人。但一定要当下就办，避免事情过后很久再说，那就成了打小报告。

5．如果是下属做错事，要分析这件事是不是因他的能力问题而起。能力问题要先培训和教导，也就是解决“会不会”的问题。

6．如果下属拒绝被纠偏，坦率告知后果：影响对个人的评价、影响工作机会等。情节特别严重的，请求人力资源部门将此人调离。

7．多帮助大家解决问题，但绝不帮助任何人掩盖问题。

8. 如果有人请你帮忙掩盖错误，可以温和地拒绝："如果你需要的话，我愿意帮你一起解决这个问题。"如果对方是通过微信等方式提出请求，可以直接不回复。

第26条
觉得自己可能犯错误了，怎么办？

1. 谁都怕自己犯错，但谁都会犯错；谁都会犯错，但大部分错误都可以被纠正和补救。所以，把得失心放下，**专注于“事情怎么办”而不是“我怎么办”**。

2. 唯一不能被原谅的错误是试图掩盖错误。

3. 一旦觉得自己可能犯错，要立刻拉响警报，主动向你的上级和同事预警，这是保证错误在第一时间被纠正的唯一办法。

4. 犯错后，如果遇到一顿劈头盖脸的批评，你应该感到庆幸，此时的责难都是对事不对人的；如果没有批评，反倒对你客客气气，那你可能要小心了。

5. 学会提前思考失败。遇到一个很难但有可能实现的想法时，先思考可能致使其失败的最大原因是什么。如果这个原因能把想法推翻，谢天谢地；如果不能推翻，代表它没有致命缺陷，也就可以专心攻克其他暴露出来的问题了。

6. 凡事做记录，包括犯错记录。记录的过程中还可以再一次思考。复盘会让你进步更快。

7. 给自己提个要求：尽可能不犯重复的错误。

8. 如果身边有人因为犯错被严厉地批评了，你可以这么说："我听说了你的事。如果有什么我能帮忙的，我随时都在。"这是心理学家的研究成果，面对别人的不幸，最有效的说话方式一共就两句：第一句，告诉他你知道了他的不幸；第二句，提出帮助。除此之外的做法，比如和他一起吐槽泄愤，都不要做。

第27条
怎么回应别人给自己提的意见？

1．心胸开放。仔细听提意见的人有什么要说，别打断。

2．继续保持心胸开放，管理好自己的情绪，努力克制不为自己辩护。这和上个建议是同一回事儿，重要的事情说两遍，因为说起来容易做起来难。

3．轮到你说话时，先问清楚自己做了什么，对对方造成了什么影响。这一招是主动管理对方的情绪，告诉他“无论如何，我很在乎你的感受”。

4．把对方的意见用自己的话重新表达一遍，确认准确与否，澄清含糊之处。这也是在向对方传达你认真听了的信号。

5．消化意见，聚焦于对你有价值的部分，关注它能怎么帮你改进提高。记住，**是否使用和怎么使用别人的意见，决定权在你。只要经过了理性思考，你也可以选择不接受**。

6．如果你愿意听取意见，接下来要制订改变计划、执行计划、跟进计划，并把这些计划告诉对方。

7．如果面对面沟通时有未尽事宜，不要犯懒，事后可以补发一封邮件，把自己想说的意思补充到位。

第28条
怎么正确地表达反对意见？

1. 为什么你觉得表达反对意见很难？这和你要反对的对象是谁有关。如果是反对平级或者下级的意见，没人会觉得难吧？觉得难通常是因为自认“得罪不起”这个人。

2. 所以，表达反对意见的第一步，是相信对方有基本的兼容度。

3. 想一想自己反对的是什么。是目标，是时机，是人，还是某个具体的办法？澄清你的反对。

4. 直接说具体的反对意见，不要试图在前面做铺垫或者在后面做平衡。

5. 反对时最好带着不同的方案。实在没有当然也可以反对，不过，最好主动声明：特别抱歉我没有新的办法，但是我还是想指出一个我不同意的地方，希望能有帮助。

6. 不要扣帽子、贴标签。比如，不要引经据典地表达反对意见，更不要引用不在场的人的言论来支撑自己的观点。

7. 在多人场合，表达反对意见的压力真的很大。这时可以采取“补充信息”的方式来表达——积极地告诉对方，你了解的一些其他信息，可能有助于大家把问题考虑得更全面。

8. 表达反对意见务必不带负面情绪。开口之前提醒自己慢慢说、平静地说。

第29条
怎么拒绝一个你认为不合理的要求?

1. 如果是道德和原则问题，坚定地拒绝。

2. 如果是工作问题，不要用“No”来拒绝，应该采取“Yes,if”大法。举个例子：“明白你的要求（Yes），为了把这件事做成，我能不能得到某个支持（If）”。

3. “Yes,if”我们在前面讲过，它本质上是把不合理要求置换成合理化的机会。既然大家关注的都是结果，那么为了达成结果，过程中资源的投入方式是不是可变的？如果投入方式变了，是不是就合理了？

4. 仔细分析这个要求不合理在哪儿了。是资源不够，是时间不够，还是时机不成熟？就具体问题进行讨论，寻找有没有更优解。

5. 不“上头”，不阴谋论，不把不合理的要求视为他人对自己的“不公平”。

第30条
跟同事闹矛盾了，怎么办？

1. 当面谈，马上。

2. 建立一个信念：80% 的矛盾都是误会造成的。不要做有罪推定，不要有受迫害妄想。没人对你有偏见，没人故意想给你找麻烦。

3. 不要怕冲突。冲突会暴露出我们工作流程和工作方法中的不足之处，帮助我们解决那些容易被忽视的问题。

4. 冲突的另一个正面作用是治好拖延症，逼我们不得不第一时间把问题解决掉。

5. 务必让对方看到你的态度：很严肃，但不为此抓狂。抓狂通常表现为抱怨和愤怒，它的另一个名字是“无能”。

6. “服不服”“谁是对的”都不是目标。凡事以解决问题、推进节奏为唯一目标。

7. 先洞察，再行动。洞察对方的诉求，是解决问题的前提。洞察对方诉求最好的方法，是问而不是猜。可以看看《非暴力沟通》和《沟通的方法》，学习怎么用沟通来解决问题。

8. 沟通之前想好哪些是可以让步的，哪些是假装不让步但最后可以让步的，以及每一次让步要去交换什么条件。

9. 如果未来你们还有频繁的工作交集，或者要一起做事，不妨在本次矛盾解决后，商定一个未来共事的方法，划定边界，求同存异。

10. 日常要有意识地管理自己的人设。宁可经营一个“过于直接”“不买账”的印象，也不要留下一个“讨好型人格”的印象。

11. 高手都打明牌。

第31条
同事私下表达对单位的不满，自己在场，怎么办？

1. 不附和，是最小化地自我保护。

2. 不传播，是最小化地保护同事。

3. 如果对方就是对着你一个人倾诉，退无可退，那么你重点应该是帮他想办法“用正确的方式反映情况”，而不是“解决他的抱怨”。怎么用正确的方式反映情况，可以看看下一条办事攻略“对工作单位的某项规定有抱怨，怎么办”。

4. 如果对方是你的朋友，你真的想帮他，那么你可以从“遇到类似的情况，我自己的应对办法是什么”的角度讲，而不是直接告诉对方“你该如何如何”。

5. 万不得已，对情绪做反馈，而不是对内容做反馈。“我能感受到你是真生气了”就是对情绪做反馈的万能句式。

6. 对方如果希望你和他一起，甚至是让你替他去反映情况，别上当，此人品性不好。

7. 可以跟对方说“找机会我帮你去说说”吗？可以，只要能把你从抱怨中解放出来就行，事后对方十有八九不会跟进。但如果对方追问你，你可以说：“还没找到合适的机会。”

第32条
对工作单位的某项规定有抱怨，怎么办？

1. 做个君子，坦荡荡。如果这项规定让你非常困扰，甚至影响了你正常工作的开展，直接向能够影响这项规定的人或者部门反映你的诉求。

2. 想想自己为什么会有这个抱怨。**如果这项规定可以修改的话，你希望修改成什么样**。

3. 如果你很纠结，先找上级或者信任的老同事私下问问。

4. 相信制定规定的人也是经过思考的，不是坏人也不是傻瓜。抱着开放的心态，多听听别人是怎么考虑的；也抱着开放的心态，多说说你自己是怎么想的。

5. 要么努力解决问题，要么努力接受现状。如果既不想解决问题，也不想接受现状，还可以选择离开。不做无谓的抱怨。

6. 记住，职场没有秘密，你发的牢骚一定会以某种方式传到别人耳朵里。

7. 开口抱怨前，想想如果要公开说，你会不会这么说。如果答案是否定的，就别这么说。

8. 绝不以任何形式在社交媒体或网络社区吐槽单位内部事务。这不是对单位影响不好的问题，而是长期来看对你自己的影响不好。

第33条
觉得上级不公平，怎么办？

1．一个心法：强行默认上级是公平的。

2．如果坚持上面这个心法，你渐渐会发现，他其实是公平的。因为你的目标越单纯，你的能力提升得就越快；没有一个领导会傻到对手下的得力干将不公平。

3．你的受重视程度，本质上源于你的专业和能力。如果你长期感受到不公平，那么大概率是你的本事还没练够。

4．拿一张纸、一支笔，写下你认为上级不公平的具体行为表现。请注意，不是感受，而是可以明确落于纸面的行为和事件。

5．看着这些行为和事件，反思一下，你自己是否有可以改进的地方。如果有，不妨拿着你的“心路历程”跟上级聊聊，请他给你提提意见。这样，有误会可以澄清，没误会也可以展现你的坦诚。

6．如果你觉得自己已经做得足够好了，那就带着你写出来的这张单子和你的困惑越级聊一次。只是请有信任关系的大领导（未必是分管你们部门的）一对一地给你一些成长和人际关系方面的指导，不求对具体事务的安排。在我们公司，这样的员工辅导工作是完全合理的，不会对你造成任何负面影响。如果你是在体制内或者央国企工作，这则建议慎用。

7. 有一种特殊情况：如果你认为你的上级已经触犯了工作单位的制度和规定，那么不必替他遮掩，向人力资源部门反映情况即可，当然你也可以要求他们为你保密。

第34条
怎么进行一次投诉？

1. 如果你认为自己受到了不公平、违规的对待，而且靠常规沟通解决不了，别纠结，先向人力资源部门投诉，至少形成一次备案。

2. 呈送证据，没有证据的话，整理一份事实陈述。请注意，只呈现事实，而不是感受。你的感受很重要，但是办事部门无法就你的感受进行核实。

3. 冷静地提出你的诉求，让相关同事知道该怎么帮助你。

4. 在全过程中，除了受理投诉的相关人之外，不要在更大的范围内将同事卷进来，这可能会让事件的处理复杂化。

5. 相信人力资源部门同事的公正性。如果他们建议你和当事人通过直接对话的方式来解决问题，你可以要求人力资源部门负责此事的同事在场见证。

6. 如果你要投诉的是人力资源部门本身，可以向工作单位的高层领导直接提，原则和方式同上。

7. 如果要投诉，尽可能早地去做。如果在事情过去很久之后才提出，很可能会因为缺乏核实的渠道和证据而无法成功维权。

第35条
觉得上级的能力或者决策有问题，怎么办？

1．判断上级的能力有没有问题，不是拿他跟其他上级比，而是以你自己为基准，看你能不能从他身上学到东西。

2．拿一张纸、一支笔，把你认为对方有问题的具体事件或者表现写下来，看看是自己的感受还是确有其事。这跟办事攻略“觉得上级不公平，怎么办？”里提到的是同一种处理方式。

3．觉得上级的某个决策有问题，你有不同意见，能在会上公开说的，在会上说。

4．没来得及或者不方便在会上说的，会后尽快找上级当面说，但是切忌跟其他人私下说。

5．别太纠结于此。能力强不强是他的事，怎么发展得更好才是你应该关心的事。大不了可以申请调岗。

6．在申请调岗前，一定要非正式地和上级聊聊，感谢他对你的培养，听听他对于你未来发展的建议。

7．调岗时要尊重本团队的时间节奏，做好交接、站好最后一班岗。关于调岗更详细的建议，可以参考办事攻略“怎么提出调岗需求？”

第36条
怎么和上级一起面对单位以外的人？

1. 上级首先是同事、是战友，其次才是上级。把上级当作并肩战斗打胜仗的一个战斗单位，而不是要消耗你战斗力的服务对象。

2. 切忌“刻意巴结”，当然也不能贬损上级的权威。你可以把上级视为一位值得尊敬的老师或专家，敬重但不谄媚。

3. 在外人面前要格外尊重上级，这是为了向对方传递“我们很重视这项工作”“我们水平很高”，而不是为了让上级爽。

4. 帮上级做好准备，包括提前向他介绍要面对的人的情况、要解决的问题的背景信息，等等。

5. 除了需要相互搭把手的情况，不要做任何服务于个人的举动，比如替上级拎包、专门给上级端茶倒水、刻意照顾上级的私人需求，等等。这样做不仅影响你和上级的个人形象，在外人面前还会贬损工作单位的形象。

6. 不要在外人面前展示你和上级之间的私人关系，比如讲只有熟人才懂的笑话、谈及不在场且与正在进行的工作无关的其他人，等等。

7. 如果上级有不当之处，可以发条信息私下提醒。如果这种不当会影响与对方的交流合作，则应该当场以温和的方式重新表达，帮上级把问题兜住。

8. 可以在上级面前赞美外部合作者，但不要在外部合作者面前赞美自己的上级。

9. 对于这条办事攻略，我知道有人会提问“在体制内适用吗”。相信我，做一个光明磊落的下属，衬托你的上级是一个堂堂正正的上级，是你对上级最好的保护和尊重。

第37条
怎么处理和工作单位乙方的关系？

1．能不产生私人往来，就不产生私人往来。跟乙方关系越单纯越好。

2．我们当然不反对和朋友合作。但是，如果与某个合作者有私人交情，要提前向上级声明，并在涉及报价、签订合同、付款等敏感环节时主动回避。这不仅是为了公正，也是为了避免在处理商业利益时误伤友情。

3．绝不利用自己的工作便利为乙方的业务牟取不正当利益。

4．绝不接受乙方提供的任何私人利益，包括礼品、礼金、特权、吃请等。如果有乙方不听规劝，要主动终止与其合作，并将它从供应商池子中剔除。

5．乙方提供的纪念品、体验装等，一律交给单位人力资源部门处理。

6．尽量避免与乙方共同就餐。如果由于特殊原因，与乙方共同就餐，在我们公司是严格要求员工主动负责结账的。

7．把每一个乙方都视为该领域的专业人士，尊重对方的专业，以从对方身上学到新东西来要求自己。

8．对于专业能力很强的乙方，要主动在各种合适的场景宣传他们的成绩，并在对方需要我们背书的时候积极配合。成就人，点亮人。

第38条
怎么处理外人对自己所在单位的不满?

1. 如果是你们(产品或服务的)用户表达不满，应立即亮明身份，把问题先接过来。如果自己解决不了，就在部门或者单位里发起求助。你有义务跟进过程，直至对方的问题得到解决。

2. 如果是与单位业务无关的人发表不满意见，要区分对方是有事实问题，还是要发泄情绪。面对事实问题，先核查，再澄清。面对情绪问题，看不同单位的处理原则。比如，我们公司支持员工选择不处理。当然，如果你觉得自己心理能量足够大，也可以感谢对方的意见，告诉他“我们会继续努力”。

3. 如果是媒体和网络平台上的负面声音，不要直接对话，反馈给单位负责相关事项的专业团队跟进处理。

4. 如果是供应商、合作伙伴有所不满，可以私下提醒跟他们对接的同事，请同事直接与对方沟通，厘清问题所在，消除误会，按照合同和制度规定执行。

5. 任何时候不拖欠任何合作者的款项。主动保护合作者的合理利益，主动宣传优秀合作者的品牌，努力成为别人的重要客户。

6. 如果有人通过私人关系向你打听你们单位的内部事务，比如人员信息、薪酬激励、管理制度、业务数据等，应在第一时间告知对方，除了单位（产品或服务页面上）呈现的公开信息，你不能回答这些问题。但单位对此有正规的交流渠道，对方需要的话，可以介绍同事给他。这就避免了不适当信息的传播扩散。

第39条
怎么和工作单位以外的人约一场会议？

1．一切会议均应以取得共识为目的，也只有在需要取得共识的时候才约正式会议。

2．无论对方是谁，都要抱持服务之心来安排会议。先向对方征求三个备选时间，再跟内部同事协调，最后与对方敲定。整个过程如果超过 24 个小时，对方的时间安排可能会有变化，所以要尽快协调。

3．会议地点的选择是门学问，遵循两个标准：第一，以所有人的时间总支出为依据，在哪里开会能节省更多时间，就选哪里；第二，考虑核心与会者的情况，以他们的便利为优先。

4．如果是在与会双方主场外的地点开会，会议召集人必须对该地点的设施、条件有充分的了解，开会当天应提前到现场检查和准备。

5．确认时间和地点后，要向所有与会人发送会议邀请，还要把会议联系人的电话号码告知与会人，同时确保这个电话号码处于随时可以接通的状态。

6．会前多做预交流。**共识不能只依靠开会本身获取，在会**

前就要有充分的沟通基础。会议上如果有极其重要的目标需要达成，或者有特定的信息需要了解，应与核心与会人进行一对一的预交流。

7. 会前还可以安排“破冰”，比如请相应的负责人提前一刻钟陪同对方参观一下单位，或者一起喝杯咖啡非正式地聊会儿。这样能保证在会议正式开始时气氛更热烈。

8. 无论我方有多少人参会，都要保证内部信息是经过充分同步的。

9. 为避免迟到，不要把自己当天的日程排得太满，以防任何一个日程拖延导致后面日程的集体崩溃。

10. 要关注会议整体的体验。为与会者准备饮用水、小纪念品，靠近饭点的会议提前询问是否需要工作餐等，都是会议召集人应该考虑的事情。

11. 会议结束后第一时间发出会议纪要，并和对方约定后续工作的推进方式。

第40条
怎么处理单位以外的人给你个人提供的好处？

1．如果有人要给你提供好处，但是你判断此人与你的工作存在潜在利益关系，那么应该态度坚决地予以拒绝。

2．如果自己判断不了是否应该更严肃地处理此事，可以咨询单位的人力资源部门。

3．除了人力资源部门的专业同事之外，避免与其他同事讨论这些问题，因为他们很可能会因为不好意思影响你的个人利益，不知道该给你怎样的回应。别让他们为难。

4．无论他人提供的好处是什么，都要清楚这些好处不是无目的的。觉得自己扛不住诱惑的时候，去翻翻法律条文和单位规章制度。

5．虽然绝对不可以接受这些好处，但仍要向对方表示感谢，并且善意提醒他注意与你们单位合作中的边界。

6．避免在单位以外的人面前谈及私事或者个人面临的问题，以免被对方误会为你在索要好处。比如你随口说一句“为了结婚买新房，我正到处借钱呢”，很可能会被对方误认为你在暗示什么。

7．避免在单位以外的人面前做出情绪化的负面反馈，比如无依据地否决对方的提案、威胁对方不续签协议等。这些行为容易让对方感觉到你在有意刁难，从而误会你在索要好处。

8．你的拒绝一定要留存证据，以防后续产生纠纷。

第41条
工作以后怎么继续学习?

1. 工作以后的学习，第一要有抓手，第二得有里程碑。有抓手意味着你不是总在同一高度低水平重复，而是能基于过往的学习成果继续往上走。有里程碑的意思是，你能将大目标拆分成循序渐进的子目标，并且清楚地知道自己能在什么阶段交出什么样的成果。

2. 一个阶段有一个阶段的学习任务。30 岁前建立对社会的常识性认识，不做错得离谱的决策，就已经是胜利。30 岁后要加速专业积累和精进。

3. 有效的学习一定要有成果，没有成果的学习都是假学习，因为没有办法验证，很可能是在做低水平重复。

4. 阶段性任务告一段落之后，一定要产出一些内容，比如一篇分析报告、一个项目策划、一篇媒体通稿等。

5. 学习应该有节奏、有计划。脑子里要有这个概念：不可能第一天就会，也不可能永远不会；积累是需要过程的，但开窍往往是一瞬间的。平时应该有意识地积累，为“临界点”的到来做好准备。

6. 学会借鉴别人的经验，比如接到一个新需求，先快速看看别人是怎么做的、别的组织是怎么做的——我们毕竟不是像马斯克造火箭那样，问题都是前人没遇到过的。

7. 善于学习、喜欢观察别人怎么做，在此基础上还应该思考“如果是我，我会怎么做”。

8. 记住你是你自己成长的第一责任人，周围的人都只是但也都能是你学习的资源。

第42条
怎么为自己争取升职的机会？

1．提升职场能见度。没有能见度基本等同于这个员工没有影响力，上级对他升职后可以创造更多价值这件事没有信心。

2．让你的名字与一个正面能力相挂钩，并且能够被影响者、评估者、决策者们记住。例如：口才特别出色、对数字特别敏感、执行力特别强等，让别人一遇到相关问题，就能想到你。

3．参加跨部门合作的项目，让更多同事认识你。

4．了解单位的需要和上级的期望，拎得清工作重点。当接到一个新任务，或者到达一个新岗位时，首先处理单位和上级认为重要的事情。

5．培养大局观。先了解目的，后采取措施；先进行分类，后挨个解决；先考虑整体，后处理细节。要掌握一个思维工具：带着比你目前级别高一级的同事的视角去思考问题。

6．每个项目结束后，都要总结长处和短处，避免“同一个坑摔两次”。

7．当你做重复的工作时，试着用不同的办法去做，找到更好的办法。

8. 不断提升自己的职场价值，升职只是副产品。

9. 平时找机会跟上级一对一地聊聊，比如“我特别想在咱们单位有长期发展。请教一下，从您对我的了解来看，我应该在哪些方面多做些努力？”或者“我达到什么水平，才符合您对那个岗位的用人要求？”而不是在晋升节点到来的时候才想到去找领导。

第43条
怎么跟领导谈加薪？

1. 谈加薪其实是跟上级和单位的一次“谈心”，它可以是一件共赢的事，前提是你做好了一切准备。

2. 想清楚加多少钱。比较好的方法是参照同行业相同职位或者类似岗位的薪酬标准。另外还要留心工作单位一般的工资涨幅是多少。

3. 找足加薪的理由。先列出工作成就清单，从最近完成的工作往前推。工作描述要具体化，假如你参与了一个项目，就要讲你在其中担任的角色，怎样推动项目的进展等，越具体越好。

4. 找对时机。理想的谈加薪的时间应该是每年底做工作总结之前，还有每个季度回顾工作的时候。

5. 如果不涉及晋升，找直接上级谈。谈的时候先回顾过往工作，更重要的是向上级表示你还看到了一些经营或管理上的机会，你希望有机会在这方面得到锻炼，并且你可以把这件事做得更好。

6. 最好的姿态不是“我为这里付出了这么多，我应该多拿点”，也不是“如果不加薪，有多少好公司等着我”，而是“我有一个更好的计划，我愿意为单位付出更多，请用钱激励我吧！”

7. 如果上级同意加薪，皆大欢喜。如果上级表示不确定，**不妨直接问“我如何才能获得更多的薪水？我应该在哪些地方创造更多价值？**”即使暂时无法实现，这也是一个了解对方期待的重要沟通手段。如果上级表示没想好，至少这件事开了个头，他会开始思考什么时候把你的加薪提上日程的。

8. 如果你在体制内或者央国企工作，此条办事攻略不适用，因为这些组织有更严格和固定的薪酬制度。

第44条
怎么提出调岗需求？

1. 先查好工作单位的相关制度，看自己是否符合轮岗锻炼的条件。如果符合，直接请求上级和人力资源部门把自己放到轮岗候选人的池子里。

2. 如果不符合条件，但自己又想调岗，就要理清调岗的原因和诉求，请直接上级先帮你出主意，确定之后再提交给人力资源部门。只有理清诉求，别人才知道该怎么帮你解决现在的问题。

3. 如果只是因为人际关系问题希望调岗，那么你要清楚，这相当于给人力资源部门、上级领导和接收部门都出了个难题。只有在你的业绩和能力都非常出色的情况下，这种调岗诉求才有可能被支持。

4. 除非你和直接上级有矛盾，不然第一个知道你的调岗请求的，应该是你的直接上级。如果你在他不知情的情况下提出调岗，首先你们的信任关系会遭到一次严重破坏；其次如果他不同意调岗，其他人也很难推进这个安排，你在这个单位的处境就会变得很尴尬。

5. 如果自己对某个岗位感兴趣，可以非正式地跟目标部门的同事聊、跟人力同事聊，但是避免和目标部门的领导直接聊。因为他和你的上级在工作单位是一个级别的团队伙伴，很可能会去做背景调查。如果你的上级不知道或者不支持，那就难办了。

6. 调岗时一定要把原先的工作交接好。在正式调岗之后，也要让原来的上级和部门同事知道，你随时可以就原有工作承担责任，给他们帮忙。这不仅是人品问题，也是在经营自己的工作信用。

7. 请注意，你怎么对待老岗位、老同事，你的新领导都看着呢。

第45条
怎么提出离职?

1. 至少有 70% 的跳槽是非理性的。

2. 跳槽前一定要认真思考四个问题:新工作能否带来我想要的东西?为此决定而失去的东西是我能承受的吗?新工作中不好的部分我看到了吗?现在的工作是不是真的没有价值了?如果想清楚这四个问题,还是决定跳槽,那就不要犹豫,坚定地递交离职申请。

3. 除了“金三银四”,跳槽的最好时机是完成一个阶段性任务、立下点功劳之后。这时候提出辞呈不留埋怨,上级通常也会觉得欠你人情,难以拒绝;而且,“功成身退”对自己的未来身价也是一种加持。

4. 具体的辞职时间,最好是在一个月的下半个月。新单位的录用通知不是合同,仍存在变数。下半个月离职,这个月的社保已经交了,即使新工作出现问题,也还有一段时间可以腾挪。

5. 先向自己的直接上级提离职。越级递交辞呈或者直接向人力资源部门诉说,都是不得体的。越级搞得像投诉;跟人力资源部门诉说,则好像你和直接上级的关系已经僵到没法正常沟通了。

6. 在正式提出辞呈前,最好先当面做一次情感上的沟通。面对直接上级，不妨说清楚跳槽的真实原因，再写封正式的邮件。未经沟通，让上级在晚上要休息时突然收到一封辞职信，是非常不得体的。而且，和上级的直接沟通，有可能使真正困扰你的问题（也许还是误会）出现转机。如果不经沟通就发辞职邮件，就失去了回旋余地。

7. 如果上级让你对你所在的团队和工作提意见，记住提具体化的意见，别提感受性的。要加薪这种话就更不要提了，那应该是离职的几个月前说的。

8. 如果去意已决，在找工作的时候就要和新单位约好，留出至少 30 天的缓冲期。一方面，这是《中华人民共和国劳动法》规定的自动离职期限，大多数单位也会在合同上说明。另一方面，给原单位一个招新人的缓冲期，也是自己职业性的体现。

9. 记得静悄悄地走。别人还要在团队里继续工作呢，你的大张旗鼓只会让他们感到尴尬。当然小范围的辞职饭完全没问题，不用鬼鬼祟祟的。

10. 即使跳槽，也可以和单位持续地保持情感账户。毕竟你积累了几年的人脉、朋友和行业地位都在这里。而且老东家可能是明大的合作对象，要为自己留后路。

11. 切记一点：不要试图挑战竞业限制规定。利用自己掌握的商业信息，做损害原单位利益的事，不仅是不职业的体现，更会毁掉你在圈子里的名声，严重时还可能坐牢。即使你的级别没有让单位跟你签署竞业协议，也要按高标准要求自己。

12. 最后的最后，提醒一句：换游泳池解决不了不会游泳的问题，有些问题还是原地修炼更好。

✦ 代后记 ✦

传灯记

这本书的后记是我写于十年前的一篇文章，迄今可能已经有上千万人在网上读过。在火车站、飞机场，都曾有陌生人对我说：我读过你写的《传灯记》，很治愈。

但我写这篇文章以及把这篇文章作为后记并不是为了“治愈”，而是想把一个我亲身经历的“好世界”展现给你。

从 17 岁踏入社会开始，在我经历过的职场里，精进手艺，解决问题，点亮别人，传承精神，是人们不言自明的共识。

我在成长过程中幸运地获得了很多前辈的指点。而今，我也人到中年，我想把我曾经得到的帮助和启发传递出去。

只要心头存着一口真气不散，路再难、天再黑，总会有人为你点亮某一盏灯。

有一个人，传一盏灯。

有灯，就有人。

我第一次做别人的老师时，18 岁。记得阶梯会议室里有一个刚参加工作的年轻姑娘站起来提问："如果你觉得四周一片黑暗，怎么办？"

那时候，我实在太年轻了，根本没有理解这个问题里所蕴含的深意。作为一个初涉江湖轻狂自大的小镇姑娘，我那时候只有回答这个问题的机巧："如果你的四周一片黑暗，那说明你自己不是一盏明灯！"

整整十年之后，当我觉得四周一片黑暗时，遇到了我的佛学老师。第一次见面，他题写了这样一句话：于暗夜中为作光明。

我一直以为，这是一个命运的隐喻。

第一盏灯：扑来的导师

我正式的职业生涯，是从三里屯开始的。

1997 年，我和我的祖母、我的父亲以及除了母亲以外的所有亲人长辈吵翻了脸。因为我 17 岁被送到北京，是来突击提高英语，准备去美国读书光宗耀祖的。但是在北京晃悠了一年，我心野了，鬼迷心窍地认为花父母的血汗钱去读书这件事太不酷了，于是瞒着家人开始从事一份办公室小妹的工作，一个月挣 380 块钱，给自己武装了一支 10 块钱的奇士美牌口红和一个 50 块钱的坤包[1]，在打字接线买盒饭管仓库的伟大事业中，蹦着高儿地要"证明自己"。

1 女式手提包，一般比较小巧。——编者注那是一间小小的广告代理公司，在中央电视台（以下简称央视）附近的写字楼里租了一间40平米的办公室。我每天要往西穿过公主坟环岛的树林、路过那个后来据说是还珠格格原型的公主的墓地买盒饭，或者往东走半站地，到央视广告部给领导送材料。

1997年，距离央视开始举办黄金时段广告招标会没有两三年，央视招标会的拍卖额往往是当年经济的风向标，每年的“标王”则是绝对的头条新闻。那还是一个“不做总统就做广告人”的时代，做广告，跟现在研究AI差不多，年轻人多，幺蛾子多，野蛮生长的机会也很多。现在回想起来，真应该感谢那个“不专业”的年代——让一名高中肄业生也有机会混迹其中。

当时北京广告圈最有名的两个地儿，一个是徐智明老师创办的“龙之媒广告人书店”，另一个叫“广告人沙龙”，是一个骑挎斗摩托的台湾广告界老帅哥开的，在中华民族园西门。前者大量引进港台地区的专业广告杂志和书籍，后者是一家酒吧，每到周末晚上就会有广告圈的名人来做讲座，不收取任何费用。

作为一名认得几个字，没有几个钱的高中生，这两个地方自然成了我的天堂。换作现在，广告业已经是一个高度专业化的行业，大概不会再有奥美、电通、李奥贝纳[1]的大老板们找个晚上去和小朋友们喝杯饮料、讲业务技巧的免费沙龙了吧！

某一个深秋的周末，我听到了时任北京奥美副总经理的湛祥国先生的授课，主题是“如何做提案”。对我来说，“提案”是个高端大气的词，是国际级的广告公司才做的事，我等本土小公司是不懂得用这个词的，我们管那叫“汇报”。那天也是我头一次听说有个

1 均为全球知名的广告公司。——编者注

东西叫 PPT。要知道，无论是我们公司还是我们的客户，当时都还在用 DOS（硬盘操作系统）打字，一间办公室才有一台电脑，没人用过电子邮件，所有人对胶片投影机还感到非常新鲜呢！

湛先生是个典型的台湾广告人，颇具谦谦君子之风。见到他之前，我没听过那么平和、温良的讲话方式。在他讲课结束后被听众团团围住的暂时小混乱里，我鼓足勇气，浑水摸鱼取得了一张他的名片。而那时候，我自己还没资格有名片。

—

大约过了一个月，我们公司接到了一家当时已经明显处于上升期的企业客户的邀请，将要就一个项目进行合作伙伴的选择。他们前期谈了一些公司，可能没有太满意的方案，所以广撒英雄帖，同时也邀请了我们公司去“交流”。

这对当时的我们来说实在是个太重要太重要的机遇，全公司上下马上动员起来，不眠不休地研究客户、准备材料。我也兴奋得团团转，只是扎煞着手在外围帮不上忙。看着看着，内心不安分的小魔鬼蹦了出来：咦，为什么跟我在讲座上听湛祥国老师讲的不大一样呢？

也幸亏是个小公司，当我提出这个问题时，大家虽不耐烦，但还是非常友好地反问了我一个问题：你说咋搞？

呃，不知道呀！

我把湛祥国先生的名片翻出来，放在桌子上，瞪着上面印制精美的奥美 LOGO 发呆。大概发呆了很久吧，因为在之后长达五六年的时间里，我都能随口背出奥美北京的总机号码。

最终，我咬牙忍着紧张，给湛祥国先生拨了一个电话。是他的秘书接的，说他在开会。我不知道该怎么说，索性用最简单的方式留言：请转告湛先生，我是在“广告人沙龙”上听过他讲课的一名学生，有些问题想向他请教，能否请他给我回个电话？

没想到，过了一会儿，湛先生就把电话回过来了。于是，我就讲了这辈子最傻最二的一个电话：湛先生，一个月前我听过您讲“如何做提案”。现在我们有机会做提案了，可是我不知道怎么做，请问您能帮帮我吗？

也许是我太不敏感或者太紧张，反正我没有在电话里听出对方一丝一毫的讪笑或者不耐烦。湛先生以他一贯的温良恭俭让的语气说：“那我可以请教一下您是哪位吗？”

“我我我，我叫李天田。”

“好，天田，”湛先生想了一下，说，“我不记得有过您的名片，对不对？”

我不好意思说我没有名片，又惊讶于他的记忆力，只好回应：“是的，我没来得及给您留名片。”

“真是非常抱歉，我暂时想不起来您是谁。那次沙龙确实人比较多，也许当时我们没有机会聊天。您如果在提案方面有什么问题，我很荣幸可以帮到您。但是，因为这是您公司的事务，所以我不可以在奥美办公室来讲这件事。您看是否方便见面谈？”

我又惊又喜：“当然当然当然！在哪里呢？”

“听起来您比较着急啊。这样子好了，我午餐的时间可以离开，我们一起吃点东西，然后看看怎么可以帮到您！”

于是，我火急火燎地抱着我们尚未准备好的材料，从西三环跑到湛祥国先生告诉我的“接头地点”：一家开在三里屯酒吧街上的三明治小店。

初冬白天的三里屯萧瑟、冷清、古旧，大部分酒吧都不开门，丝毫看不出灯红酒绿。我倒是很容易就找到了那家夹在两个卖廉价水粉画的画廊之间的小店。铺面极小，除了点餐的柜台，只有两张矮茶几和几个小板凳散落着，大概很少有人在店里吃东西。

湛祥国先生居然已经先到了，正在等我。我知道至少该由我来买吃的，但是说实话，我真的不知道该怎么在这么洋气的店里点一份三明治。湛先生看出我在柜台磨蹭，轻轻走过来，非常自然地接管了点餐这件事。之后就是我俩一人举着一块火鸡三明治，蹲坐在门口的小板凳上看材料。

湛先生是个实在的老师，翻了一遍材料，得知我们当天晚上就要出发前往客户所在的城市，立即告诉我："思路大抵是对的，但现在告诉您在内容上怎么修改已经来不及了。我的建议是在形式上下点功夫，不要仅仅递交一份文字资料，而是要制作成胶片，用投影机来辅助呈现。这样可以让客户把要点看得更清楚，你们可以利用沟通互动来补足内容上的缺失。"

之后我们在小板凳上的谈话堪称奇葩。湛祥国先生把到哪里买投影胶片、怎么制作和保管胶片、胶片上应该呈现哪些要点事无巨细地给我讲了一遍。他甚至还告诉我，用什么样的文件夹装胶片比较美观，以及提案过程中怎么做好胶片和讲话之间的衔接，要诀是什么。

与湛先生分开，我飞奔去买胶片、飞奔回到办公室，开始用最原始的方式制作一套提案文件。经历了打印机和复印机的各种卡纸事故，我们一直工作到必须去赶火车的最后时刻。期间湛先生还给我打了一个电话，提醒我们要提前通知客户准备投影机。语气十分恳切而不好意思，仿佛是他给我添了很大的麻烦。

在最后一分钟，老板突然一指我的鼻子——你，一起去！好在那个时候的我，出门不需要行李。

二

整整一个晚上的时间，我们把火车卧铺之间的小桌子当作投影机，模拟放胶片、换胶片以及准备各种台词儿。

天快亮的时候，老板又一指我的鼻子——你，讲后半部分！我连拒绝都不知该怎么说，也不懂得考虑其他人的感受，就跟抱着炸药包似的一脸决绝地下车了。

这家企业可能之前也没搞过这种形式的活动，在巨大的会议室里，除了牵头部门，还有大老板，以及二十多位来旁听的人。大老板的意思是：多叫点人来听，大家一起提意见！

轮到我的时候，因为腿抖得实在太厉害，只能极为缓慢地走上台去，紧紧贴着面前的桌子站着。这也是湛先生在讲课时教授的技巧——实在紧张，可以用桌子抵住发软的双腿。往台下一看，喉头干裂，从喉咙往下的心肝脾肺肾全都消失不见，只剩下空茫茫的一片。

我脑子里唯一盘旋不去的是湛先生讲话时的神态和语气。像是被什么附体似的，我机械地开始复述前一晚在火车上演练的“台词”，以至于在过了很久之后，当时参与提案会的一位前辈告诉我，他们分明听到了我在用完全不同的口音和语调说话。我想，大概是复刻版的台湾国语吧！

我们的介绍结束之后，客户方的主持人召集与会者提问题。大家提的问题都很具体务实；当然，为了筛选出合作者，必然也很尖锐。

从我自己身上，我深深地体会到，所有的自大都源于自卑，而那些最自卑的人身上往往会产生最强的攻击性。那一天，我像一只斗鸡一样高度紧张，把所有提问都理解成了“挑衅”。往往发问者话音一落，我就用最快、最强势的方式回应，滔滔不绝，根本不给别人机会。用客户后来的话说，就是“一梭子、一梭子”地回答问题。

等到整场会议结束的时候，我站在会议室门口送别与会者。每个人经过我时都会和我握握手，然后笑着对我老板说一句：“哎呀，这个年轻人口才真好！”

一瞬间，一个念头突然出现在我的脑海里：“完了！”

一点儿都不夸张，我感觉自己飘荡到了半空中俯视整个会场，用另一种毫不相干的眼光检视自己的所作所为。若干年后，我听柳传志先生在谈话中提到“退出画面看画”这一说法，脑海中浮现的就是这个场景。对方真实的感受是什么？对方表扬你“口才好”时，他们的潜台词是什么？如果湛先生在，他会怎么处理刚才的一切？……

作为一个骄纵、任性、自大的独生女，我一直以来经历的都是以自我为中心的关系模式。而在那一天，得益于湛先生的指导，我第一次看到自己以外的那张人际关系大地图，看到自己的前后左右，看到不同的角色、心态和利益，并且第一次有意识地去定位自己在地图上的位置。

故事的结尾没什么“鸡汤”——那天的提案并没有为我们争取到那个项目，一个经验那么少的小公司和进攻性那么强的提案者，不太可能得到广泛的支持。不过，我们还是很兴奋，因为我们第一次知道“提案原来是这么玩儿的”。

回到北京之后，我给湛先生打了一个电话，唧唧呱呱地向他描述了这次提案中所发生的一切。电话那头的湛先生非常高兴，提问了更多被我忽略的细节，非常委婉地指出了其中的问题。听得出，他是由衷地为我开心，用他的话来说就是“很有趣”。

我请求他给我一个机会请他吃饭。他说好好好，最近比较忙，之后找时间联络。

之后，等了很久，听说湛先生调到上海工作了。

再之后，直到今天，我再也没有见过他。他只教过我那一次。[1]

这次失败的提案产生了两个深远的影响：第一，过了一段时间，这家客户没有再招标对比，直接把一个比较小的项目交给了我们公司，因为大老板觉得“这家公司虽然小，但是精气神不错”。后续我们又开展了七个合作项目，这家客户成为我们第一个拿得出手的重要案例。第二，到了第二年，公司开始寻找广告代理之外的一些新业务，其中有一个与公益组织和用人企业合作，培训下岗职工再就业、帮助他们做商场促销员的项目。领导因为见过我在众人面前的表现，大手又一次指到了我鼻子上——我成了这个项目的负责人和下岗职工的……培训师。我自己负责的第一个客户、组建的第一支团队、合作的第一家媒体、写的第一篇文章、培训的第一位学员、赚的第一笔奖金、买的第一部手机，都源于此。

而且，我有了自己的名片。

事后回想起来，那次提案还有一个最重要的影响，就是我的“求师之心”被激发了。因为湛先生对我的善意和帮助，在那之后，我不再恐惧“被拒绝”，建立了一种“社交自信”。在很长一段时间里，什么人我都敢上去打招呼，多高级的办公室门我都敢敲。我也

1 《传灯记》于 2014 年发表后，有人把它转给了湛祥国老师，我也有幸再次见到了湛老师。当我赶到上海请他吃饭时，他一脸茫然——显然，他帮过不止一个像我这样茫然的年轻人，他也早就忘了我是谁。

因此进入了一个“扑”老师的阶段。

说“扑”，是因为在别人看来，这个娃过于生猛。反正我什么都不会，也没啥不好意思的，而且心里老有碗烈酒垫底——“湛祥国先生都没拒我”。因为工作需要，我扑过 20 世纪 80 年代的经济界名人温元凯、扑过易学专家张其成、扑过当时的样板公司顶新、雀巢、可口可乐的经理们……没有任何人的背书和介绍，也没支付过任何费用，他们都是在某个机缘巧合之下被我拦住，也都曾专门花时间解答我的问题，辅导或者帮助我完成各种不靠谱的工作任务。

看电影《卧虎藏龙》，玉娇龙对她的师父说：“是你给了我一个江湖梦……”我当时就想，这些做过我的老师的人，他们的指导像拼图一样，给我这个高中肄业生拼接起了一个神奇的商业江湖。

—

其实，一个混在北京的年轻人，是有很大概率成为一个跑江湖的人的。对我来说，真正的转折点出现在 1998 年。

某天，我路过一家酒店的会议室，看到里面正在开一场培训会。会场管理不太严格，我就溜进去坐在最后面旁听了一会儿。讲课的老师语气十分淡定，内容却是十二分地吸引人。他在讲“惠普之道”。

那时候最红的本土企业是秦池、长虹什么的，点子大王、十大策划人、成功学大师们都还在市场上活跃。这位老师讲述的战略管理、4P 均衡发展等，在我听来即使不是闻所未闻，也是从未有过的系统认识。

会间休息，我冲上去与这位老师交流，请教他什么时候再讲课，我想来认真完整地学习。可他说这次是给朋友帮忙，第一次讲公开课，平时不在公司以外的地方讲课。我立即追问："如果我们也举办公开课，可不可以请您来讲课呢？"他愣了一下，说："如果时间允许的话，可以试试。"

话虽出口，但其实我也不知道咋干。一扭头，发现一位穿着酒店制服的工作人员站在会场后面旁听，我立即过去问他是不是酒店方面的负责人。

他说自己是负责销售的，于是我就问他租这么一个会场要多少钱——我是真没概念。当时，我们给下岗职工讲课的场地是借的基督教女青年会唱诗班的排练场，就在（改造前的）王府井教堂后面的胡同里；虽然冬天得自己烧炉子，但是免费。那时候为了省钱，我连盒饭都没给学员买，而是与同事轮流在宿舍做饭，用三轮车推着给送去教室的。但眼瞅着这位老师很高端，断不能去那儿啊！

这位酒店的销售经理也很有意思，告诉我一个价格之后，看出我吓了一跟头，反问道："你能接受多少钱？"我愣住了，没见过这么做生意的，咬着牙报了一个五分之一的价格。他想了想说："可以，但你要给我换五个听课的名额！"

这时候的我已经比认识湛祥国先生时懂点事了。场地有了，我折回去问老师的讲课费。老师也愣了，因为他之前从来没收过讲课费，知识分子也不好意思直接谈钱。我们两人合计了半天，互相推说让对方定，最终商量定了一个今天看来低得令人发指的讲课费。

就这么着，我稀里糊涂地进入了培训业。这位老师，就是高建华先生，在之后的几年间担任过中国惠普公司助理总裁、首席知识官（CKO, Chief Knowledge Officer）、公司决策委员会成员、市场总监、战略总监等职务，也是中国第一个 CKO。我们整整合作了四年，我负责举办培训会、接洽客户的需求，高建华老师倾囊相授，将他在中国惠普的职业训练、工作方法、战略管理技术、市场营销方法毫无保留地教授给一批中国本土正在成长中的民营企业。我又进入了一个“说话很像高建华”的时期。

一开始我面临的问题是，老师有了、场地有了，没有学员。回家翻了一遍名片夹，发现里面的人还是太少，想了想，我见过企业家最密集的地方是央视广告部，立即抬腿去了央视西门，找到因为替老板跑腿儿而熟悉的广告部行政秘书，叽叽咕咕跟她说了半天。她笑着翻出了广告部主任的名片夹，扔给我，让我去隔壁复印一套。于是，我就有了一大本企业家的通讯录。

啥都不知道，摁着通讯录一个个打电话、发传真，忙活了好久，到了实在不能不开班的时候，才卖出了十几个座位。这时候真要感谢换给酒店的那几个名额，保证我的会场里坐了二十多个人，不算太难看。

学员少，服务凑。高老师是一个绝不煽情的讲师，就是老老实实地讲干货。为了避免冷场，也怕大家不认真听课，我又是担任主持人，又是设计抽奖，又是评选优秀学员，忙了一溜够。配合高老师经典的课程，那次培训会得到了与会者的高度评价。

其中，有一位特别认真听课的学员被评选为优秀学员，获得了第二次免费听课的奖励。他对我们的服务大加赞赏，留下了一句我抄在小本本上的评价：“这个世界不是有钱人的世界，不是有权人的世界，而是有心人的世界。”会后，身为公司副总裁的他动员公司董事长带着十几位高管来参加我们的第二次培训会，又把高建华老师请到企业去做指导，成为我们重要的客户。又过了三年，他自己创业成功，专门到我们办公室回忆和感谢那次培训会给他的启发，同时提了一个重要的邀请，希望我们能够成为他的公司的咨询顾问。

这是我独立负责的第一个咨询客户，这位优秀学员，就是蒙牛集团创始人牛根生；蒙牛这家客户，我有机会服务了整整十年。

高建华先生受过极好的工科教育，除了当过几年广院[1]的老师，从20世纪80年代中期起就在惠普和苹果公司工作，是中国最早的一批外企职业经理，是真正的“名门正派”。他最出名的是“绝不应酬”：在课堂上侃侃而谈，在饭桌上十分沉默。据我观察，这并不是他性格高傲或者孤寒，而是他真的不善于做非正式沟通，更别提应酬了。

他让我看到：一个人完全可以凭借自己的专业力量来立足，不需要搞关系、不需要跑江湖，就能赢得他人的尊重。务外非君子，守中是丈夫。

年轻时的我是个极易受别人影响的人，又急于在社会立足，难免羡慕那些左右逢源、快速上位的江湖高手。高老师的及时出现，帮我彻底消除了“江湖化”的风险，让我建立了职业精神和对专业主义的追求，并为我的职业生涯指明了一个坚定有力的方向。

时隔多年，读宗萨蒋扬钦哲仁波切的著作，其中提到，学佛之人，与其拜菩萨，不妨直接观想“自己就是菩萨”。观想菩萨在这种环境中会怎么做，是修行的一种方便法门。

我恍然大悟，觉得自己实在是一个运气极好的人，因为什么都不懂，也就不太在乎这个所谓的“自我”，误打误撞找到了一个最取巧的学习方式：做一名精巧的复制者和模仿者，代入导师的角色，观想他们的行为和思维。

幸运如我，从只有一招之缘的湛祥国先生开始，到合作四年的

1 即今天的中国传媒大学。——编者注

高建华先生，他们都是有极强的职业精神和自律能力的人。在他们身边，哪怕是极为短暂的学习，也让我有机会把他们的精气神悄悄复制一份打包带走。在我门槛低低的职业生涯中，他们帮助我建立起一道高高的防火墙：只要有对职业和专业的审美能力，就会有自我要求的底线。

再后来的几年，我逐渐有了收入，开始到外面参加各种“野鸡班”，也读了 EMBA 啥的，但是学习却不像早期那么有效。我想，是因为生了“分别心”——太执着于做判断。而最有效的学习是在你没有判断能力的时候全然接受、逐渐消化。实在吸收不来的，自然就排异了。

那些年，这些人，也许只有一期一会的机缘。但我总觉得，他们就像是上天在我人生道路上安放的路灯，此地早已经过，那光却始终照亮。

第二盏灯：“易筋经”

亲爱的天田：

我感受到巨大的恐慌是在 28 岁生日那天，当时我还有三个月要从北大毕业，在未名湖边坐了一晚上，来回来去地想，对过去感觉到无比地恐慌。我确实对未来没有设想太多，我为过去 28 年浪费的时间难受。客观地说，我真正把自己当个人看，在 28 年中也就只有短短的四年而已。

可能因为焦虑提前爆发，所以 30 岁那年过得比较平淡，从心理上说如此。那年心态很好，去了之前那家公司，然后就玩命干，结果把心态又搞糟糕了。到 34 岁那年，基本上是糟得不能再糟了。不过我发现我们这代人的好处，或者不能说这代人，只能说我自己，我可能没有这个资格代表哪一代人——我因为从小饱受打击，虽然心态很糟，但是基本上还没落下什么心理疾病，厚着脸皮过了一年又一年，直到慢慢康复。

谁都有不如意，没人过着十全大补的人生。只要心安，就是坦途。

你还没到 30 岁呢，已经比别人走快很多步了，至少于我而言，在我是你这个年纪的时候，还在一家出版社混吃喝。人总是看见自己没有的部分，把它们看得更珍贵。

我很喜欢黄庭坚的一首词，其中说："风前横笛斜吹雨，醉里簪花倒著冠。"人生还远远没有到秋凉之时，即便到了，也可以像他说的那么可爱。他最后给的建议特别实在："身健在，且加餐。舞裙歌板尽清欢。黄花白发相牵挽，付与时人冷眼看。"我就借山谷[1]的词当个迟到的生日礼物吧。

方希

不知道还有多少人保留着写信的习惯，哪怕是通过电子邮件。这是出版人方希在我因为"奔三"生日而感到抓狂时写给我的一封信。虽然现在看来"亲爱的天田"这个称呼完全不符合我们之间简单粗暴的沟通习惯，但我一直存着这封信，急躁的时候就拿出来看看。

---

1 指自号山谷道人的黄庭坚。——编者注

这样的信我还保存下来很多。我相信，如果方希知道我把她归类到“导师”一栏里，多半会冲着我骂句脏话，觉得我特别矫情。但是，事实的确如此，虽然我们年龄接近，日常相处完全是平辈朋友，但她实际上的角色真的更像是导师。

在认识方希之前，我由于“扑”导师的成功率越来越高，有点像被注入了好几股真气的令狐冲，习得了上乘的招数，却因没内力，体内真气很快开始打架。说白了，我只是一个投机取巧的模仿者，善于复制，无能运化。

而与方希建立亦师亦友的关系以后，我像是无意间得到了少林绝学《易筋经》，开始调和体内的真气，逐渐理顺。能消化的就吸收了，也有一些习气排异了。

方希对我的改造，是从引导我写东西开始的。她本人是一位非常优秀的作家和出版人。在她的世界里，有意义、有意思的文字表达没有任何的障碍。但对于我而言，写作是一座大山，沉甸甸地横在我面前。我总是为了写而写，也因此想出了很多避重就轻的招数。对此，她写了封信给我，标题是《写一本天衣无缝的书》，其中谈道：

> 写作是件麻烦事，不过反正都很麻烦，干吗不做点有难度的呢？有难度是有价值的前提，那些难度不大的事留给平庸的人做吧，费这个劲干什么。要写一本内容和形式天衣无缝的书，我的建议就这么几条儿：
>
> 第一，一定是自己说话的德性，既不是 S 的，也不是 B 的，更不是 SB 的，只是自己的；
>
> 第二，想想自己在干的事和价值目标，要全面匹配；

第三，想想目标读者，他们都在你笔记本的对面，对着他们说话，掏心窝，捞干货，亮绝活。

在这三条写书秘籍的指导下，我开始用“写”来打通商业观察的任督二脉，用“写”来整合我的职业活动。令所有人没想到的是，我居然成了一名商业杂志的专栏作者。长期的、规律性的写作活动使我克服了惰性，推进了我对商业活动的思考深度。也因为专栏的影响，我开始受邀在电台做一档小小的商业观察节目。这个节目的播出，帮助我在更大范围内收获了业内人士的认同和友谊。[1]我找到了一个全新的社会身份，而这个身份最主要的影响，是让我的父母终于可以一平我“辍学从商”的怨懑之气。

以前，我并不为中止学业而后悔，因为我会用一张叫作“终身学习”的处方为自己打鸡血。但逐渐地，我感到了遗憾：因为没有经历过严谨正规的高等教育，我始终没有建立起一种系统的治学方法。而在这一点上，方希对我的影响是巨大的，我连读书的方式都是跟她重新学习的。

方希是我见过的最博闻强记的人，但只有去过她的书房，才会知道她其实是一个用多么“笨”的方法来读书的“聪明人”。她选书的标准很“硬”而口味很“重”，对任何一个她感兴趣的学科都是从读史入手，精选经典，再博览前沿。她是一个认真用笔和纸来抄读书笔记的人。她写信和我聊过她心目中“会读书的人”：

1　2012 年，罗振宇、快刀青衣先后看到了我的专栏文章。我们找机会在线下见了面、成了朋友。又过了两年，我们决定成为合伙人，创办了罗辑思维、得到 App、时间的朋友等知识服务品牌，一起创业至今。

贯通的人往往如一缕清风，不管他是柔软的还是坚硬的，都无碍。不贯通的人磕磕绊绊，自己还找到了仿佛高级的理由，这是自寻烦恼和自找麻烦。

有看书习惯，而且会看书的人是了不起的，因为看书是一种复杂的活动，它需要你既虔诚又挑剔，既信任又怀疑，而且它要求你像一摊水，一旦有新的水滴，马上自然融入，仿佛从来没有这颗水滴一样。

这是我喜欢会读书的人的理由。我不知道其他人是否也和我有同样的感受，但我知道，一个视真相和更好的世界为价值方向的人，一定带有某种令人心神向往的气质，能压制戾气，护养慧根。

贯通，正是我长久以来所不能达到的境界。当时的我体内真气冲撞、内心缺乏自信，是一个拧巴纠结的人。

与方希交往，既有一起开会、一起构思选题、一起交流管理心得的一面，也有一起逛街、一起旅行、一起骂人、一起胡吃海塞的一面。这对我来说，是完全新鲜的、全面的“生活课”。连我当时的合作者都说：“你这七八年以来，做的最有价值的事情就是结交了方希这么一个朋友。”

—

我们经常交流管理组织的感受，她对我的业务和团队也甚为熟悉。有一次在我们的年会上，我为她颁发了一个奖杯，上面刻着一行字“精神合伙人”。有一年她担任我们年会的演讲嘉宾，演讲的主题是“手艺人的世界”：

> 进入一个行业，首先要问这个行业里最牛的人是谁，达到什么样的标准能成为牛人；其次，作为一个手艺人，要知道你的手艺在哪儿，行当的“核心竞争力”是什么；再次，不要去强调你的工具有多了不起，而是要去证明你能用工具创造怎样的奇迹。
>
> 一个人，要把羞耻心放在手艺上。专业能力差的人就是行业的掘墓人，因为他模糊了行业的价值体系，让全社会对这个行业失敬。作为一个手艺人，必须时刻反省、勇猛地验证自己的手艺有没有过时。如果没有这种勇气，好手艺也会烂在手里。
>
> 手艺能帮助你形成一套方法论，来面对世界上的陌生事物，这样的人对世界不会有偏见。
>
> 手艺，是自己与世界呼吸吐纳的接口。

那次演讲之后，我们的团队迅速形成了共识，做最接地气、最务实求真的团队。几年过去，我们在行内成为一支以手艺人精神著称的队伍。可以毫不夸张地说，以这样的名声，我的每一个团队成员在离开这家公司时，都能感受到自身市场价值的极大增值。

新年，她群发了一封邮件给我们公司的合伙人：

> 你们公司的氛围，合伙人之间的坦诚、信任、互助、亲爱，是极为罕见的，就算将之归于虚无缥缈的缘分，也需要有坚实的品质做底。如果说缘分像利息的话，人品就是存款额，你们存的定期还超级长，你们存的银行也丝毫不受金融环境和通货膨胀的影响，像是人间单独辟出的天堂银行。正念之所以

可贵，不是因为我们经过漫长黢黑的隧道，终有一天会拿它换到光明和财富。正念本身就是光明财富，持有正念，我们就已经身处福中，获得足够的勇气和报偿。真正的新年将至，祝诸位精神合伙人永持正念，在阳光下呼吸吐纳，承瑞含英。

第三盏灯：和尚何大

说来真不好意思，我之前一直没搞明白，“大和尚”原来不是说和尚长得多高多胖，而是对寺院住持的一种尊称。而我此生结识的第一位大和尚，就是河北柏林禅寺住持明海大和尚[1]。

这位毕业于北京大学哲学系的学生，二十年前挥别了北大才子的世俗世界，悄然来到当时还是一片废墟的千年古道场，追随净慧和尚复兴柏林禅寺。

初见明海师，觉得他一点儿也不“大”。有的人身材大，但明海师很清秀；有的人派头大，但明海师极内敛。如果非要“着相”地形容一下，明海师可担得二字：静和净。这是我第一眼看到他的印象，直到今天也仍然保持着这种印象。

明海师的静，不是简单的安静，而是蕴含着从容、淡定、波澜不惊的沉静。静得有故事、静得有张力，不知不觉把身边人吸纳到一泓水中去似的。他讲法时、走路时、泡茶时、写字时，你都能感受到那种让人微微战栗的静。我也注意到，无论什么人，来到他面

1 现任中国佛教协会副会长（驻会）、中国佛学院常务副院长。——编者注

前，都会不由自主地变得安详和斯文起来。

我记得非常确切，第一次见到明海师，是在 2007 年 3 月 11 日下午。28 岁的我已经成了别人口中少年得志的典型，有公司有恒产，朋友圈里说不上谈笑有鸿儒，至少算往来无白丁。经过十年毫不松懈的狂奔，物质生活上已经颇为自在，不示弱的好强性格，让我可以忍受创业的孤独，却不能消解与全世界对抗的压力。跑了十年的我，在心理上已经上气不接下气：自己缺少大平台的历练和积累，专业发展遇到瓶颈，想放弃主控权请高人来合作，却导致老班底纷纷离散，从 2005 年到 2007 年之间遇到各种合作上的问题，在个人感情生活方面也有颇多不顺。实在是撞得一头包，苦不堪言。

见面之后我卖弄小聪明："我过去常常会在内心执着于别人对我的不好或不公，现在突然明白，这一切都是在若干时间以前存下的某种因果，若我记恨或报复，这业报还将在未来继续；若我忍耐或接受，这关系将会得到停止和平息。想通这点，内心十分欢喜。"

想不到大和尚微微点头道："我理解你的感觉……"说实话，当时我内心十分酸楚，好像有一种隐隐的情绪被触动了。但是，他接着开示道："不要把人概念化，其实没有好与不好之分，一开始判断就错了，修行者要识别善恶，更要超越善恶。"

铛！棒喝！

在明海师身上，我隐约看到了一种自己所向往的通透温润的风范，而他以真实之身证明了这种风范是实实在在存在着的，是可修炼、学习的。

之后，他送了一本他批注过的书给我，书名《狂喜之后》，扉页上题写着："于暗夜中为作光明，于失道者示其正路，于病苦者为作良医，于贫穷者令得伏藏。"在他给我上的第一课里，修行不是为了躲一个清净，修行的基础是精进与担当。做事也是修行，商业也是修行。

隔了很长一段时间之后，明海师有一次看似无意地说道："与人交往，要做好两个前提准备：一是要坚信对方是好人，二是要明了对方是凡人。

是好人，就必然有向善、行善的需求；是凡人，他的情绪和意识就必然有善变、不稳定的一面。在这两个前提下与人交往，必然会超脱和豁达，也会更具备与人方便的能力。"

他是非常看重"方便"这两个字的，我曾多次在不同场合听到他开示"方便"的内涵：何谓"方便"？佛学里所讲的"方便"是慈悲和智慧结合的力量，慈就是给人快乐幸福，悲就是解除人的痛苦。修行者不仅要发出慈悲的心愿，更重要的是还要有大智慧来实现。

明海师最能给人留下深刻印象的美德，是他似乎时时刻刻都在内省，一念不停地处在自我省察的状态之中。他操办过很多社会公益活动，在社会各界的赞叹中，他却公开反省说：身边的众生比远处的众生重要，内心的众生比外部的众生重要，如何服务众生、帮助众生，怎样过得更好，是一个值得思考的问题。因此，他给自己定了一项"政策"：尽可能减少社会活动，把更多时间奉献给寺院。他把这称之为"守土"。

我很不恭敬地问："将军才守土，你是和尚，守土干什么？"没想到，他反驳道："和尚也是将军啊！要跟烦恼作战！"

有时候，我也会与明海师探讨管理问题。他作为寺院的住持，事务性的工作也很繁忙，忙得厉害了，就嘲笑自己像个总经理。有一次喝茶时，我随口提了一嘴管理的闭环，他是第一次听到这个词，很认真地问我，这是什么意思？我就大概地说了一下 PDCA 的管理循环[1]，没想到，他马上说："嗯，有点意思。其实我们出家人也要讲闭环，是心的闭环。管理者讲任务，出家人讲发心，那就要在做事之后回归本心，回到自己的初发心，实现心性的闭环，这样做事就不再把好坏、成败作为唯一标准了。其实人时时刻刻都可以在做工夫、在修行，关键是心念系在什么地方。你们管理学讲人力资源，我们修行者要讲心力资源，把信力、愿力等心的力量当作资源来管理。归根结底，人力资源就是心力资源。管理就是要把人们从心力交瘁变成心力充沛。"

说到决策，他有一次对我说："你一定要把所学运用到做事中去，要把所学和做事联系起来。做事的话，经验、体验很重要，在做决定之前一定要跨出自己的圈子多听听意见，同时一定要知道，世界上没有百分百的圆，也没有百分百的直线，都是有偏差的，因此要预见、包容、适应这种情况。合作，最重要的一关是——学会放弃。"

输赢、对错、是非，如果能够超越这些、容纳这些，人就会圆融起来。和明海师学习四年后，我为自己写下了这样一句话："与自己和解，对世界示好。"我重整了自己的生命资源，特别是人际关系资源，与身边众生的相处也更加柔和圆通。

中间有几年，明海师宣布闭关。在此之前，他给我留下的重要修行法门是："你的功夫最浅之处在定。修定力，每天要有一段时间留给自己独处，跟自己在一起。所谓独处就是说，真正让你的思想、感情独立，不依赖于什么东西。总之，我们现在是越来越复

---

1 美国管理学家戴明提出的理论，由计划（Plan）、执行（Do）、检查（Check）、处理（Act）这四项工作流程组成。——编者注

杂——生活越来越复杂，人际关系越来越复杂，互相之间的联系也越来越复杂，因此专注也需要训练。可以在生活中，也可以在事业中训练。比如，选择一个事业不要总是换，做一个就一直做下去，总会让你走出一条路来。”

整整分别了三年，2013 年春天，我们在北京重逢。他沉默地观察我良久，为我开示：只有把“二元对抗”的心性从根本上打破，才能得到解脱。

心性如野马，是需要调伏的，调伏我们的因缘有很多，但不同的人、不同的因缘所达到的调伏深度是不同的。明海法师的传灯之缘，令我有机会用信仰调伏自己。从争强好胜到持中守庸，在世俗生活之外，他的这一盏灯，为我开启了一个纯粹的精神世界，让我可以从中觉察有限、窥见无限，让我可以经常从熟悉、嘈杂的商业活动中升起出离心，伸头到另外一个世界里呼吸几口新鲜空气。我的世界，因此而完整丰满。

—

有人问，一路走来，你吃了不少苦吧？其实并没有。因为每当走到幽暗处，就有人刚好点亮了一盏灯。老话常说，世上没有捷径可走，我倒是觉得，那些指点过我、照亮过我的人，就是我的捷径啊。

我常常想，如果我错过了任何一位传灯者，那么，我会是谁？

图书在版编目（CIP）数据

干得漂亮 / 脱不花著 . -- 北京 : 新星出版社，2024.3（2025.7 重印）
ISBN 978-7-5133-5372-4

Ⅰ . ①干… Ⅱ . ①脱… Ⅲ . ①成功心理 – 通俗读物 Ⅳ . ① B848.4-49

中国国家版本馆 CIP 数据核字（2024）第 022292 号

干得漂亮

脱不花 著

责任编辑 汪 欣
策划编辑 翁慕涵 白丽丽 师丽媛
营销编辑 陈宵晗 许 晶 吴雨靖 张羽彤
装帧设计 别境Lab
内文制作 吴 九
责任印制 李珊珊

出 版 人 马汝军
出版发行 新星出版社
（北京市西城区车公庄大街丙 3 号楼 8001 100044）
网　　址 www.newstarpress.com
法律顾问 北京市岳成律师事务所
印　　刷 北京盛通印刷股份有限公司
开　　本 635mm × 965mm 1/16
印　　张 21
字　　数 247 千字
版　　次 2024 年 3 月第 1 版 2025 年 7 月第 3 次印刷
书　　号 ISBN 978-7-5133-5372-4
定　　价 79.00 元

发行公司：400-0526000 **总机：**010-88310888 **传真：**010-65270449